数据中国"百校工程"项目系列教材

数据科学与大数据技术专业系列规划教材

大数据
可视化技术

姜枫 许桂秋 ◉ 主编

杨馥如 潘巧智 王大伟 李丛 徐曼 ◉ 副主编

BIG DATA
Technology

人民邮电出版社

北京

图书在版编目（CIP）数据

大数据可视化技术 / 姜枫，许桂秋主编. -- 北京：
人民邮电出版社，2019.4（2024.1重印）
数据科学与大数据技术专业系列规划教材
ISBN 978-7-115-50349-7

Ⅰ. ①大… Ⅱ. ①姜… ②许… Ⅲ. ①数据处理－高
等学校－教材 Ⅳ. ①TP274

中国版本图书馆CIP数据核字(2019)第030240号

内 容 提 要

本书是一本系统介绍大数据可视化技术的教材。本书首先阐述了大数据可视化技术的基本概念以及相关的基础理论知识；然后，采用理论与实践相结合的方式，针对实际应用中的各种不同类型的数据，介绍相应的可视化理论和操作方法；最后，介绍了数据可视化在各个领域中的应用。

本书实例丰富，图文并茂，叙述简明，重点突出。本书可以作为高等院校计算机、数据科学与大数据技术等相关专业的教材，也可作为从事数据可视化、数据分析的相关技术人员的参考书。

◆ 主　编　姜　枫　许桂秋
　　副主编　杨馥如　潘巧智　王大伟　李　丛　徐　曼
　　责任编辑　邹文波
　　责任印制　陈　犇
◆ 人民邮电出版社出版发行　北京市丰台区成寿寺路 11 号
　　邮编　100164　电子邮件　315@ptpress.com.cn
　　网址　http://www.ptpress.com.cn
　　三河市兴达印务有限公司印刷
◆ 开本：787×1092　1/16
　　印张：10　　　　　　　　2019 年 4 月第 1 版
　　字数：226 千字　　　　　2024 年 1 月河北第 12 次印刷

定价：39.80 元

读者服务热线：(010)81055256　印装质量热线：(010)81055316
反盗版热线：(010)81055315
广告经营许可证：京东市监广登字 20170147 号

前言

数据反映着真实的世界，人们希望用数据寻求真相，分析数据间的关联，了解这个世界正在发生什么，从而解决真实世界的各种问题，比如，降低犯罪率，提高公共卫生意识，改善交通状况，或者增长个人的见识，等等。数据存在于我们生活的每一个角落，等待着我们去有效地利用。人们都希望挖掘出数据背后蕴藏的信息。可视化技术正是探索和理解大数据的最有效的途径之一。将数据转化为视觉图像，能帮助我们更加容易地发现和理解其中隐藏的模式或规律。

计算机呈现数据的方式多种多样，充满艺术设计感的视觉图像遍布我们的生活。这些美观的图像包含了要表达的数据信息，而且十分引人注目。因此，人们总结出数据可视化的一些基本理论和方法，通过一些操作简单的软件或编程语言，就能高效且直观地获得数据中蕴含的信息。

本书是大数据可视化技术的入门教材，采用理论与实践相结合的方式，循序渐进地介绍了大数据可视化技术中的各种理论知识，结合各种实践案例，引导读者运用所学知识解决现实中的问题。

全书共 9 章，可分为三个部分。

第一部分是基础理论，包括第 1 章和第 2 章。第 1 章阐述了数据可视化的定义、作用和发展历史，以及数据可视化所面临的挑战和未来的发展方向；第 2 章详细介绍了数据可视化的基础知识，包括视觉感知与认知的基本原理和可视化编码原则，数据可视化的基本框架、基本原则、基本图表以及相关工具。

第二部分是数据分析，包括第 3～8 章。这 6 章详细介绍了时间数据、比例数据、关系数据、文本数据、复杂数据以及用户交互的各种可视化理论和方法。其中，第 3 章介绍时间数据可视化，时间数据又分为连续型时间数据和离散型时间数据，基础图形包括阶梯图、折线图、散点图和柱形图等；第 4 章介绍比例数据可视化，比例数据的基础图形包括饼图、环形图、堆叠图等；第 5 章介绍关系数据可视化，关系数据的基础图形包括散点图、气泡图、直方图、密度图等；第 6 章介绍文本数据可视化，文本数据可视化需要对文本中的内容进行提取、分析，再使用各种可视化方法进行展示；第 7 章介绍复杂数据可视化，复杂数据包括高维多元数据、非结构化数据以及不确定性数据；第 8 章详细介绍了数据可视化交互的原则、分类和技术，通过交互技术能让用户更好地理解和分析数据。

第三部分是实际应用，包括第 9 章。第 9 章详细介绍了数据可视化在科研领域、网络领域以及商业领域的各种应用。

本书可以作为高等院校计算机、数据科学与大数据技术等相关专业的数据可视化教材。使用本书作为教材，建议安排 32 课时，教师可根据学生的接受能力以及高校的培养方案选择教学内容。

由于编者水平有限，编写时间仓促，书中难免存在一些疏漏和不足之处，恳请广大读者批评指正。

编者

2019 年 1 月

目　录

第三部分　实际应用

第9章　数据可视化技术在各领域的应用 ······ 145

第一部分
基础理论

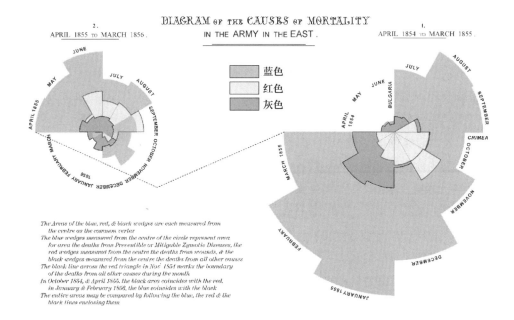

第1章
数据可视化概述

本章首先介绍数据可视化的概念和作用，然后介绍数据可视化的发展历史，以及数据可视化的未来。

1.1　什么是数据可视化

人类对图形、图像等可视化符号的处理效率要比对数字、文本的处理效率高很多。有研究表明，绝大部分的视觉信号处理过程通常发生在人脑的潜意识阶段，例如，人们在观看包含自己的集体照时，通常潜意识会第一时间寻找照片中的自己，然后才会寻找其他感兴趣的目标。

可视化对应的英文词汇有 Visualize 和 Visualization。Visualize 是动词，表示生成可视化图像，利用可视化方式传递信息；Visualization 是名词，表示可视化过程，对某个原本不易描述的事物形成一个可感知的画面的过程。在计算机视觉领域，数据可视化是对数据的一种形象直观的解释，实现从不同维度观察数据，从而得到更有价值的信息。数据可视化将抽象的、复杂的、不易理解的数据转化为人眼可识别的图形、图像、符号、颜色、纹理等，这些转化后的数据通常具备较高的识别效率，能够有效地传达出数据本身所包含的有用信息。

数据可视化的目的，是对数据进行可视化处理，以更明确地、有效地传递信息。比起枯燥乏味的数值，人类能够更好、更快地认识大小、位置、形状、颜色深浅等物体的外在直观表现。经过可视化之后的数据能够加深人对数据的理解和记忆。例如，对于这样一个问题：如果额外给你 10 000 美元现金，你会选择如何使用它？美国投资机构针对三个年龄段的本土公民做出的调研结果如图 1-1 所示。

从图中可以看出，偿还债务是得票率最高的选项。这显然与美国发达的信贷市场和消费结构有关。其中，公民的年龄段越大，还款意愿就越强。除了还款，55 岁以上的美国人还比较倾向于低风险的理财项目，比如，选择高息储蓄或购买债券，或者把钱直接存入退休金账户。35～54 岁的美国人中，绝大多数会选择把这笔钱投资在子女教育上，可见，教育支出也是近二十年来美国人增长最快的财务支出。18～34 岁的美国人既有兴趣加大对自身的教育投入，也愿意尝试高风险的投资产品。我们还可以看到，不动产也是较受美国人欢迎的投资项目之一，其中年轻人的买房欲望相对而言是最高的。

　　由此可见，将数据经过图形化展示以后，人们可以从可视化的图形中直观地获取更有效的信息。

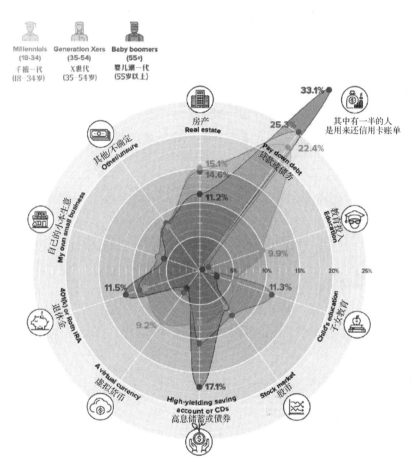

图 1-1　不同年龄的人如何进行投资

　　近年来，随着大数据时代的到来，面对越来越庞大、复杂的数据，数据可视化已经成为各个领域传递信息的重要手段。数据可视化也可以将其理解为一个生成图形、图像符号的过程。更为深层次的理解是，可视化是人类思维认知强化的过程，即人脑通过人眼观察某个具体图形、图像来感知某个抽象事物，这个过程是一个强化认知的理解过程。因此，帮助人们理解事物规律是数据可视化的最终目标，而绘制的可视化结果只是可视化的过程表现。

　　数据可视化是为了从数据中寻找三个方面的信息：模式、关系和异常。

　　（1）模式。指数据中的规律。比如，机场每月的旅客人数都不一样，通过几年的数据对比，发现旅客人数存在周期性的变化，某些月份的旅客数量一直偏低，某些月份的旅客数量则一直偏高。

图 1-2 是著名的南丁格尔玫瑰图，蓝色区域表示死于感染的士兵数量，红色区域表示死于战场重伤的士兵数量，灰色区域表示死于其他原因的士兵数量。该图有如下两个非常明显的特征。

① 两幅图中蓝色区域的面积明显大于其他颜色的面积。

这意味着大多数的伤亡并非直接来自战争，而是来自糟糕医疗环境下的感染。

② 左边这幅中的扇形面积远小于右边这幅图。

说明卫生委员到达后（1855 年 3 月），死亡人数明显下降，成功地展示了医疗卫生条件的改善带来的效果。

这幅图出现在南丁格尔游说英国政府加强公众医疗卫生建设和相关投入的文件里。这幅图让政府官员了解到：改善医院的医疗状况可以显著地降低英军的死亡率。南丁格尔的玫瑰图打动了当时的政府高层（包括军方人士和维多利亚女王），她的医疗改良的提案才得以通过，从而挽救了千万人的生命。

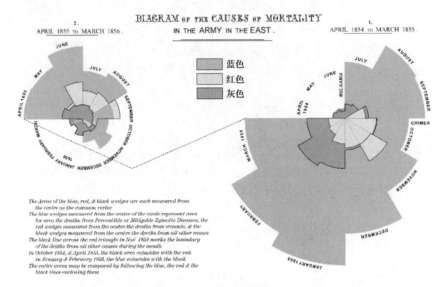

图 1-2　南丁格尔玫瑰图

（2）关系。指数据之间的相关性，在统计学中，通常代表关联性和因果关系。无论数据的总量和复杂程度如何大，数据间的关系大多可分为三类：数据间的比较、数据的构成，以及数据的分布或联系。比如，收入水平与幸福感之间的关系是否成正比，经统计，对于月收入在 1 万元以下的人来说，一旦收入增加，幸福感会随之提升，但对于月收入水平在 1 万元以上的人来说，幸福感并不会随着收入水平的提高而提升，这种非线性关系也是一种关系。图 1-3 展示了基本图表与数据间的关系。

（3）异常。指有问题的数据。异常的数据不一定都是错误的数据，有些异常数据可能是设备出错或者人为错误输入，有些可能就是正确的数据。通过异常分析，用户可以及时发现各种异常情况。如图 1-4 所示，图中大部分点都集中在一个区域，极少数点分散在其他区域，这些都属于异常值，需要特殊处理。

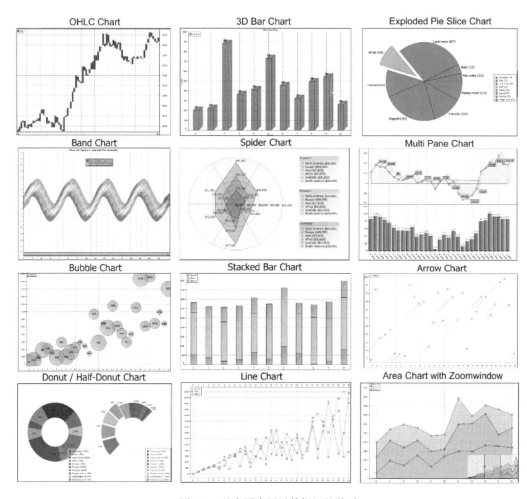

图 1-3　基本图表展示数据间的关系

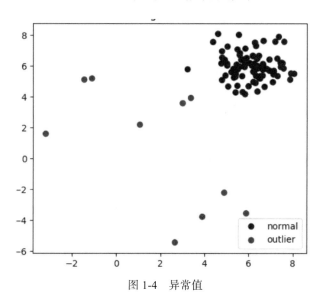

图 1-4　异常值

1.2 数据可视化的作用

数据可视化的作用包括记录信息、分析推理、信息传播与协同等。

（1）记录信息

自古以来，记录信息的有效方式之一是用图形的方式描述各种具体或抽象的事物。如图1-5所示，左图是列奥纳多·达芬奇（Leonardo da Vinci）绘制的人体解剖图，中图是自然史博物学家威廉·柯蒂斯（William Curtis）绘制的植物图，右图是1616年伽利略关于月亮周期的绘图，记录了月亮在一定时间内的变化。

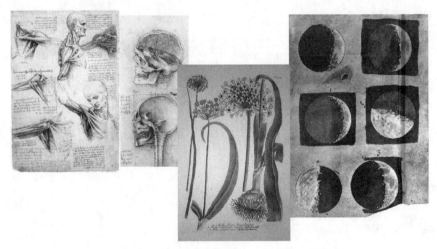

图1-5 数据可视化的作用之一——记录信息

如图1-6所示，田径赛场上的裁判员通过这幅图可以清晰、准确、迅速地判定运动员的名次和成绩。

图1-6 田径赛运动员冲刺图

（2）分析推理

数据可视化极大地降低了数据理解的复杂度，有效地提升了信息认知的效率，从而有助于人们更快地分析和推理出有效信息。1854 年，伦敦爆发了一场霍乱，英国医生 John Snow 绘制了一张街区地图，如图 1-7 所示，这就是著名的"伦敦鬼图"。该图分析了霍乱患者的分布与水井分布之间的关系，发现在一口井的供水范围内患者明显偏多，据此找到了霍乱爆发的根源——一个被污染的水泵。

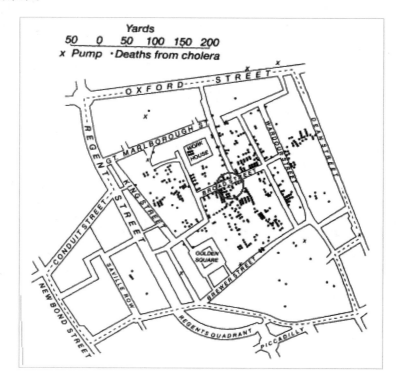

图 1-7　伦敦鬼图

（3）信息传播与协同

俗话说"百闻不如一见""一图胜千言"。

图 1-8 是介绍中国烟民数量的图形，如果只看左图，可知中国烟民的数量是 320 000 000，这个数据是很大，但具体有多大读者却不能直接感知。结合右图可知，中国烟民数量超过了美国人口总和，通过这种对比，对数据的感知就加深了。

图 1-8　中国烟民的数量

图 1-9 是介绍雅虎邮箱处理数据量的图形，大意是雅虎邮箱每小时处理的电子邮件总量的大小是 1.2TB，这些邮件若打印出来，大约需要 644 245 094 张 A4 打印纸。这也是一个很大的数据，但到底有多大？在这里用了一个比喻的手法：644 245 094 张纸，如果把每一张纸首尾对接，可以绕地球 4 圈多。由此，读者就能深刻地感受到雅虎邮箱处理的数据量之大。

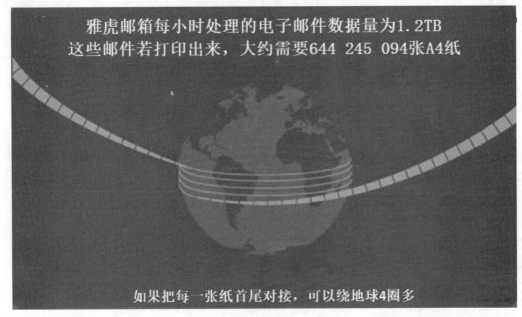

图 1-9　雅虎邮箱处理数据量

随着计算机技术的普及，数据无论从数量上还是从维度层次上都变得日益繁杂。面对海量而又复杂的数据，各个科研机构和商业组织普遍遇到以下问题。

（1）大量数据不能有效利用，弃之可惜，想用却不知如何下手。

（2）数据展示模式繁杂晦涩，无法快速甄别有效信息。

数据可视化就是将海量数据经过抽取、加工、提炼，通过可视化方式展示出来，改变传统的文字描述识别模式，达到更高效地掌握重要信息和了解重要细节的目的。

数据可视化在大数据分析中的作用主要体现在以下几个方面。

（1）动作更快。使用图表来总结复杂的数据，可以确保对关系的理解要比那些混乱的报告或电子表格更快。可视化提供了一种非常清晰的交互方式，从而能够使用户更快地理解和处理这些信息。

（2）以建设性方式提供结果。大数据可视化工具能够用一些简短的图形描述复杂的信息。通过可交互的图表界面，轻松地理解各种不同类型的数据。例如，许多企业通过收集消费者行为数据，再使用大数据可视化来监控关键指标，从而更容易发现各种市场变化和趋势。例如，一家服装企业发现，在西南地区，深色西装和领带的销量正在上升，这促使该企业在全国范围内推销这两类产品。通过这种策略，这家企业的产品销量远远领先于那些尚未注意到这一潮流的竞争对手。

（3）理解数据之间的联系。在市场竞争环境中，找到业务和市场之间的相关性是至关重要的。例如，一家软件公司的销售总监在条形图中看到，他们的旗舰产品在西南地区的销售额下降了 8%，销售总监可以深入了解问题出现在哪里，并着手制订改进计划。通过这种方式，数据可视化可以让管理人员立即发现问题并采取行动。

1.3　数据可视化的分类

数据可视化的处理对象是数据。根据所处理的数据对象的不同，数据可视化可分为科学可视化与信息可视化。科学可视化面向科学和工程领域数据，如三维空间测量数据、计算模拟数据和医学影像数据等，重点探索如何以几何、拓扑和形状特征来呈现数据中蕴含的规律；信息可视化的处理对象则是非结构化的数据，如金融交易、社交网络和文本数据，其核心挑战是如何从大规模高维复杂数据中提取出有用信息。

由于数据分析的重要性，将可视化与数据分析结合，可形成一个新的学科：可视分析学。

1. 科学可视化

科学可视化是可视化领域发展最早、最成熟的一个学科，其应用领域包括物理、化学、气象气候、航空航天、医学、生物学等各个学科，涉及对这些学科中数据和模型的解释、操作与处理，旨在寻找其中的模式、特点、关系以及异常情况。

科学可视化的基础理论与方法已经相对成熟，其中有一些方法已广泛应用于各个领域。最简单的科学可视化方法是颜色映射法，它将不同的值映射成不同的颜色。科学可视化方法还包括轮廓法（Contouring），轮廓法是将数值等于某一指定阈值的点连接起来的可视化方法，地图上的等高线，天气预报中的等温线都是典型的轮廓可视化的例子。

2. 信息可视化

与科学可视化相比，信息可视化的数据更贴近我们的生活与工作，包括地理信息可视化、时变数据可视化、层次数据可视化、网络数据可视化、非结构化数据可视化等。

我们常见的地图是地理信息数据，属于信息可视化的范畴。

时变数据可视化采用多视角、数据比较等方法体现数据随时间变化的趋势和规律。

在层次数据可视化中，层次数据表达各个个体之间的层次关系。树图是层次数据可视化的典型案例，树图是对现实世界事物关系的抽象，其数据本身具有层次结构的信息。

在网络结构数据可视化中，网络数据不具备层次结构，关系更加复杂和自由，如人与人之间的关系、城市道路连接、科研论文的引用等。

非结构化数据可视化通常是将非结构化数据转化为结构化数据再进行可视化显示。

3. 可视分析学

可视分析学被定义为一门以可视交互界面为基础的分析推理科学，综合了图形学、数据挖掘和人机交互等技术。可视分析学是一门综合性学科，与多个领域相关：在可视化领域，与信息可视化、科学可视化、计算机图形学相关；在数据分析相关的领域，与信息获取、数据处理、数据挖掘相关；在交互领域，则与人机交互、认知科学和感知等学科融合。

可视分析学所包含的研究内容非常广泛，其中，感知与认知科学研究人在可视化分析学中的重要作用；数据管理和知识表达是可视分析构建数据到知识转换的基础理论；地理分析、信息分析、科学分析、统计分析、知识发现等是可视分析学的核心分析方法；在整个可视分析过程中，人机交互必不可少，用于控制模型构建、分析推理和信息呈现等整个过程；可视分析流程中推导出的结论与知识最终需要由用户传播和应用。

1.4 数据可视化的发展历史

数据可视化的发展有着非常久远的历史，最早可以追溯到远古时期。可视化技术的发展与测量技术、绘画技术、人类文明启蒙和科技的发展相辅相成。在地图、科学与工程制图、统计图表中，可视化技术已经应用和发展了数百年。早在 1800 年前，为了表示海上主要风向的箭头图和天气图，人们就已经开始尝试使用包含等值线的地磁图来刻画海上风向图和天气图。在 18 世纪，William Playfair 为了表示国家的进出口量，第一次使用了柱形图和折线图。到了 19 世纪初，人们又发明了饼图。这三种图形都是至今最常用的、最经典的可视化图形。

1. **远古—1599 年：图表萌芽**

可视化最早来源于几何图表和地图，其目的是为了将一些重要的信息进行展示。图 1-10 展示的就是公元前 6200 年的人类绘制的地图。

图 1-10 公元前 6200 年的人类地图

2. 1600—1699 年：物理测量

在 17 世纪，物理学家们陆续完善了物理基本量的测量理论并研究出了相关设备，物理基本量包括时间、空间、距离等。这些理论和设备被广泛用于航空、测绘和国土勘测等。与此同时，绘图学理论与实践也随着分析几何、测绘学、概率论、统计学等领域的发展而迅速发展。到 17 世纪末，一些基于真实测量数据的可视化方法逐渐被科学家们探索出来。物理测量的逐渐成熟标志着人类开始进入可视化思考的新领域。

图 1-11 所示为诞生于 1626 年用于表示太阳黑子随时间变化的形态图。这幅图同时展示了多个小图片，用来刻画不同时间段的太阳黑子的形态。这种图形绘制方式是邮票图表法的早期雏形。

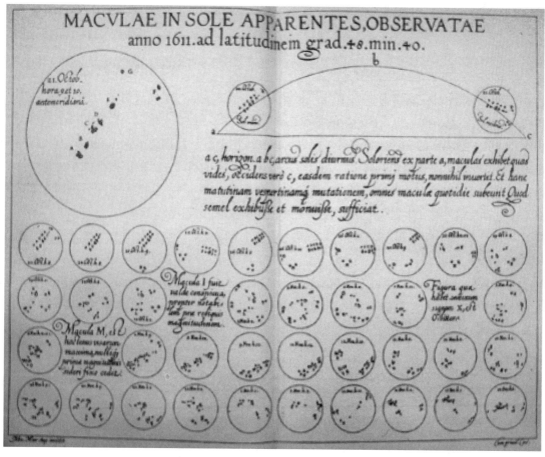

图 1-11　太阳黑子随时间变化的形态图

3. 1700—1799 年：图形符号

进入 18 世纪，科学家们不再将目光聚集在地图上展现几何信息，他们陆续提出了新的图形化形式和其他物理信息的概念图。图 1-12 所示为 1765 年约瑟夫·普利斯特里（Joseph Priestley）发明的时间线图。该时间线图采用了单个线段表现某个人的一生，同时比较了公元前 1200 年～公元 1750 年之间的 2 000 个著名人物的生平。

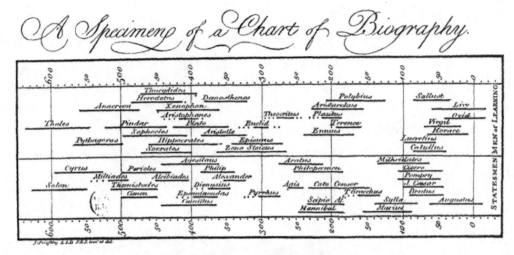

图 1-12 表现著名人物生平的时间线图

4. 1800—1899 年：数据图形

随着工艺技术的完善，到 19 世纪上半叶，人们已经掌握了整套统计数据可视化工具（包括柱状图、饼图、直方图、折线图、时间线、轮廓线等），关于社会、地理、医学和基金的统计数据越来越多。将国家的统计数据与其可视表达放在地图上，从而产生了概念制图的方式。这种方式开始体现在政府规划和运营中。人们在采用统计图表来辅助思考的同时衍生了可视化思考的新方式：图表用于表达数据证明和函数，列线图用于辅助计算，各类可视化显示用于表达数据的趋势和分布。这些方式便于人们进行交流、数据获取和可视化观察。

到 19 世纪下半叶，系统构建可视化方法的条件日渐成熟，人类社会进入了统计图形学的黄金时期。其中，法国人 Charles Joseph Minard 是将可视化应用于工程和统计的先驱。他的代表作是绘制了 1812—1813 年拿破仑进军莫斯科大败而归的历史事件的流图。这幅图如实地反映军队的位置和行军方向、军队汇聚、分散和重聚的时间与地点、军队减员的过程等信息，如图 1-13 所示。

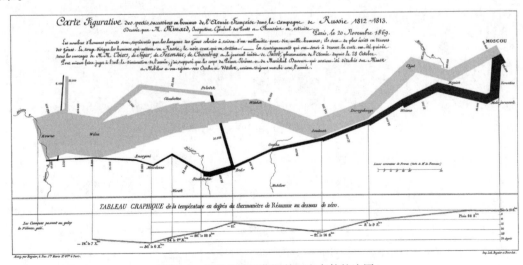

图 1-13 拿破仑进军莫斯科历史事件的流图

5. 1900—1945 年：现代启蒙

到了 20 世纪上半叶，政府、商业机构和科研部门开始大量使用可视化统计图形。同时，可视化在航空、物理、天文和生物等科学与工程领域的应用也取得突破性进展。可视化的广泛应用让人们意识到图形可视化的巨大潜力。这个时期的一个重要特点是多维数据可视化和心理学的引入。

早期的地铁图与普通地图无异，对乘客来说，地铁图的地理信息充分但很不简明、直观。1933 年，英国电气工程师 Henry Beck（亨利·贝克）重新设计的伦敦地铁图具有如下三个非常明显的特征：

（1）以颜色区分路线；

（2）路线大多以水平、垂直、45°角三种形式来表现；

（3）路线上的车站距离与实际距离不成比例关系。

其简明易用的特点在 1933 年出版后迅速被乘客接受，并成为今日交通线路图形的一种主流表现方法。

6. 1946—1974 年：多维信息的可视编码

1967 年，法国人 Jacques Bertin 出版了 *Semiology of Graphics* 一书，确定了构成图形的基本要素，并且描述了一种关于图形设计的框架。这套理论奠定了信息可视化的理论基石。随着个人计算机的普及，人们逐渐开始采用计算机编程生成可视化图形。

1973 年 Herman Chernoff（赫尔曼·诺夫）发明了表达多维变量数据的脸谱编码，如图 1-14 所示。

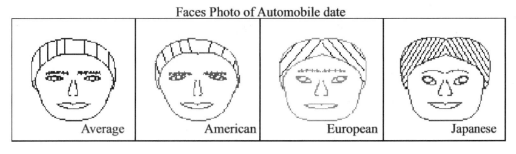

图 1-14　多变量数据的脸谱编码

7. 1975—1987 年：多维统计图形

进入 20 世纪 70 年代后，桌面操作系统、计算机图形学、图形显示设备、人机交互等技术的发展激活了人们编程实现交互可视化的热情。处理范围从简单的统计数据扩展为层次更复杂的网络、数据库、文本等非结构化与高维数据。与此同时，高性能计算、并行计算的理论与产品正处于研发阶段，催生了面向科学与工程的大规模计算方法。数据密集型计算开始走上历史舞台，这也对数据分析与呈现提出了更高要求。

图 1-15 所示为利用雷达图对多维数据进行统计，比较公有云、私有云、混合云多个维度的性能值。

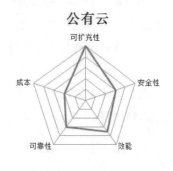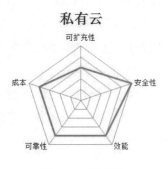

图 1-15　雷达图

8. 1988—2004 年：多交互可视化

20 世纪 70 年代以后，放射影像从 X 射线发展到计算机断层扫描、核磁共振图像技术。1989 年，美国国家医学图书馆实施可视化人体计划。科罗拉多大学医学院将一具男性和一具女性尸体从头到脚做了 CT 扫描和核磁共振扫描，前者间距 1 毫米，共 1 878 个断面；后者间距 0.33 毫米，共 5 189 个断面，然后将实体填充蓝色乳胶，并用明胶包裹后冷冻至 -80℃，再以同样的间距对尸体做组织切片的数码相机摄影，分辨率为 2 048×1 216 像素，所得数据共 56GB。这两套数据集极大地促进了三维医学可视化的发展，成为可视化标杆式的应用典范。图 1-16 所示为人体腹腔三维医学 CT 图像，这些可交互的医学可视化图像，可协助医生更加快速、准确地诊断病情。

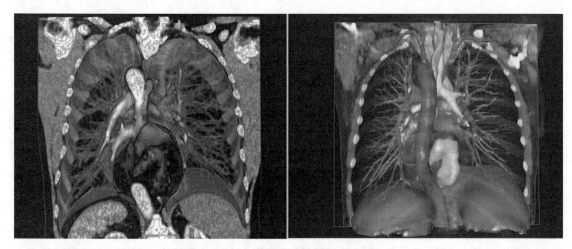

图 1-16　人体腹腔三维医学 CT 图像

9. 2005 年至今：可视分析学

进入 21 世纪，现有的可视化技术已难以应对海量、高维、多源和动态数据的分析挑战，需要研究人员综合可视化、图形学、数据挖掘理论与方法，提出新的理论模型、可视化方法和用户交互手段，辅助用户从大尺度、复杂的数据中快速挖掘有用的信息，以便用户做出有效决策。这门新的学科称为可视分析学。

需要注意的是，可视分析的基本理论与方法，仍处于发展阶段，属于待深入研究的前沿科学问题。从 2004 年起，学界和工业界都沿着面向实际数据库、基于可视化的分析推理与决策、解决实际问题等方向发展。

从 20 世纪 90 年代开始，我国科研人员已经在可视化领域付出了极大的努力，为各个应用领域应用数据可视化奠定了坚实的基础。

1.5　数据可视化的未来

1.5.1　数据可视化面临的挑战

伴随大数据时代的来临，数据可视化日益受到关注，可视化技术也日益成熟。然而，数据可视化依然存在许多问题，且面临着巨大的挑战。具体包括以下几个方面。

（1）数据规模大，已超越单机、外存模型甚至小型计算集群处理能力的极限，而当前软件和工具运行效率不高，需探索全新思路解决该问题。

（2）在数据获取与分析处理过程中，易产生数据质量问题，需特别关注数据的不确定性。

（3）数据快速动态变化，常以流式数据形式存在，需要寻找流数据的实时分析与可视化方法。

（4）面临复杂高维数据，当前的软件系统以统计和基本分析为主，分析能力不足。

（5）多来源数据的类型和结构各异，已有方法难以满足非结构化、异构数据方面的处理需求。

1.5.2　数据可视化发展方向

数据可视化技术的发展主要集中在以下 3 个方向。

（1）可视化技术与数据挖掘技术的紧密结合。数据可视化可以帮助人类洞察出数据背后隐藏的潜在规律，进而提高数据挖掘的效率，因此，可视化与数据挖掘紧密结合是可视化研究的一个重要方向。

（2）可视化技术与人机交互技术的紧密结合。用户与数据交互，可方便用户控制数据，更好地实现人机交互是人类一直追求的目标。因此，可视化与人机交互相结合是可视化研究的一个重要发展方向。

（3）可视化技术广泛应用于大规模、高维度、非结构化数据的处理与分析。目前，我们处在大数据时代，大规模、高维度、非结构化数据层出不穷，若将这些数据以可视化形式完美地展示出来，对人们挖掘数据中潜藏的价值大有裨益。因此，可视化与大规模、高维度、非结构化数据结合是可视化研究的一个重要发展方向。

习　　题

1-1　什么是数据可视化？

1-2　数据可视化的作用有哪些？

1-3　数据可视化发展面临的问题有哪些？

1-4　数据可视化未来的发展方向有哪些？

第2章
数据可视化基础

数据可视化的主要目的是利用图形化的手段，清晰、有效地展示数据，表达信息。通过设置正确的场景，选择合适的时间段，搭配恰当的颜色，数据可视化能有效地传达出隐藏在大量数据中的重要信息，使用户能够更清晰地认知数据，从而进行分析和决策。数据可视化综合运用了计算机图形学、图像处理、人机交互等相关技术，将数据转换为图形或图像显示出来，并可以与用户进行交互。数据可视化的过程同时也是艺术创作的过程，可视化的图形、图像需要做到真实、易感知，并富有美感。

本章首先介绍视觉感知、数据准备的相关理论知识；然后，在此基础上，阐述数据可视化的基本框架、基本原则、基本图表；最后，介绍常用的数据可视化工具。

2.1　视觉感知

视觉感知是人类大脑的最主要功能之一。眼睛是人体的视觉感知器官，它具备接收及分析视频与图像的高级能力，人脑功能的 50%用于对视觉感知所得的信息进行处理。我们平时也能注意到视觉感知活动的重要性，例如，报刊、幻灯片、动态图、电影、展板等大量媒介手段都是利用了人类视觉感知的功能。数据可视化提供了直观的可视化界面，能让用户通过视觉感知器官获取经过可视编码的信息，经过大脑解码并形成认知，在交互分析过程中洞悉信息的内涵。

那么，什么是视觉感知呢？

2.1.1　视觉感知和视觉认知

视觉感知是指客观事物通过人的视觉器官在人脑中形成的直接反映，人类只有通过"视觉感知"才能达到"视觉认知"。

视觉感知是视觉的内在表象，它包括视觉低级和视觉高级两个不同的感知层次。视觉的低级感知层次与物体性质相关，包括深度、形状、边界、表面材质等；视觉高级感知层次包括对物体的识别和分类，属于人类的认知能力的重要组成部分。

进一步的视觉感知就是视觉认知。视觉认知是把视觉感知的信息加以整合、解释，赋以意义的心理活动，是关于如何理解和解释观察到的客观事物的过程。视觉认知过程是先由眼睛接收信息，感知信息后再将感知转换为知觉，然后进行知觉的整合。"视觉感知"是"视觉认知"的前提。视觉认知过程中还会受到记忆、理解、判断、推理等因素的影响。

2.1.2 视觉感知的处理过程

如图 2-1 所示，在视觉感知的过程中，人们会经历如下 6 个心理过程。

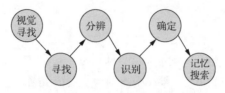

图 2-1　视觉感知的心理过程

（1）**视觉寻找**：指在视线所能达到的范围内搜寻目标。

（2）**寻找**：当发现视线探测到的对象与预期所需目标相符合时，则排除其他对象，锁定目标。

（3）**分辨**：指对多个相似的对象的信息进行深入探测。

（4）**识别**：指根据视觉特征信息和细节信息的差异，识别目标的含义。

（5）**确定**：指锁定的对象与记忆中的存储信息相吻合，确认目标。

（6）**记忆搜索**：是以上视觉过程的基础，通过以上步骤所获得的信息都要与记忆信息对比，然后做出判断。

在整个视觉过程中，眼睛只是负责对光线的捕捉和初步的信号转换。我们能感知外面的世界，是因为我们的大脑对眼睛传递来的视觉信息进行了加工处理，使这些信息转换成大脑高级认知皮层区可以识别的信号。

在大脑皮层上，视觉信息的加工过程非常复杂，类似于工厂的流水线。视觉信息在大脑中由多个脑功能区联合加工，分步完成。视觉信息被分成多路，由多条不同的流水线同时工作，分别加工多类不同性质的信息，然后大脑再将这些信息整合起来，完成对视觉信息的处理。

2.1.3 格式塔原则

格式塔是德文"Gestalt"的译音，它描述了人在视觉上如何感知对象，它是视觉可视化设计的基本原则。格式塔原则也是大数据可视化中交互设计的理论基础之一。

格式塔原则中最基本的法则是简单精炼法则，它认为在观察时，人们会用一种常规的、简单的、相连的、对称的或有序的形式来感知和解释模糊不清或复杂的图像。同时，人们还会倾向于将视觉形象作为一个整体最先被认知，而不是先把事物理解为各组成部分的集合。如图 2-2 所示，人们最先感知的是整个框架（圆、方格和几何形），而不是内部元素，因此，格式塔原则又称为完图法则。

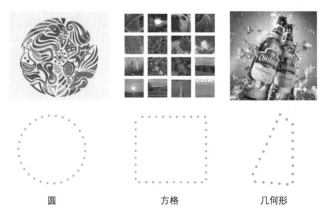

图 2-2　整体的统一感知

那么，如何规划视觉表达，才能更易于被人们理解和接受呢？格式塔原则包括以下基本原则。

1. 接近原则（Law of Proximity）

通常，人在进行视觉感知时会把在距离上相互靠近的元素视作一个整体。元素之间的距离越近，被视作组合的概率越大。在可视化设计中，用户能够应用接近原则来对元素进行区分和规划，通过设计一定的间距和空间来保证元素整体和局部之间的协调性。

在图 2-3（a）中，12 个黑方块没有贴近，因此人们无法将它们归为一组；在图 2-3（b）中我们会很自然地进行分类，将它们看成三个横行，四个竖列；在图 2-3（c）中的图标，不同花纹颜色一致，且空间距离很近，因此被识别为组成一个大写的英文字母"U"。

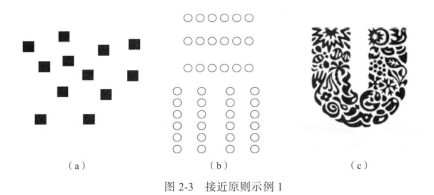

（a）　　　　　　　　　　（b）　　　　　　　　　　（c）

图 2-3　接近原则示例 1

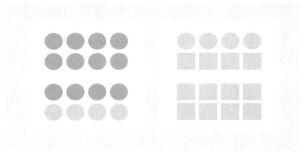

图 2-4　接近原则示例 2

接近原则作为第一条原则,它所占的"权重"非常大,甚至大到可以忽略其他原则。例如,图 2-4 中的圆形,即使部分圆形添加了颜色,甚至如右侧图示中把部分圆形改变形状,人们也会把位置上相接近的元素当成一个整体,自然而然地将它们归类为上下两个部分。

2. 相似原则(Law of Similarity)

相似原则看重的是元素内部特性的不同。对于元素内部的纹理、颜色、形状、大小等特征,人们的视觉感知常常会把这些明显具有共同特性的元素当成一个整体或归为一类。它与接近原则看重元素之间的空间位置是不同的。在可视化设计中,能够应用相似原则来对元素内部特征进行设计,使元素内部具有一致的纹理、颜色、形状、大小等特征,这样就可以保证可视化作品的整体协调性。同时,还能保留局部的某些鲜明的特征。例如,在图 2-5 中,我们通常会把外形相同的同心圆看成一组。

图 2-5　相似原则示例

3. 闭合原则(Law of Closure)

闭合原则是指人们常常会在潜意识中把一个不连贯的图形补充完整,使之连贯,或者说倾向于从视觉上封闭那些开放或未完成的轮廓。人们常会将不完全封闭的东西视作统一的整体。在设计中,我们有时可以通过不完整的图形,让人自己去想象闭合图形,这样可以引起用户的兴趣和关注。如苹果公司的 Logo,咬掉的缺口唤起人们的好奇、疑问,给人们留下巨大的想象空间。

图 2-6 左侧呈现在人们眼中的是一个圆而非多条线段,右侧则是一个白色正方形而非四个小灰色三角形。

图 2-6　闭合原则举例

4. 连续原则(Law of Continuity)

连续原则与闭合原则类似,是以实物形象上的不连续使用户产生心理上的连续知觉。凡具有连续性或共同运动方向的元素容易被视为一个整体。如图 2-7 所示,人们的视觉感知会沿着虚线分布形成连续的曲线（如下方实线的效果）。

图 2-7　连续原则示例

　　格式塔的原则还有很多，可应用于心理学、哲学、美学和科学等众多领域。由以上的阐述可以看出，格式塔（完形理论）的基本思想是：视觉形象是作为一个统一的整体最先被认知的，而后才是从各个部分开始认知。也就是说，人们先是"看见"一个构图的整体，然后才会"看见"组成这一构图整体的各个部分。

　　格式塔原则对于可视化工作者在选择可视化方法时有很大的启发作用。数据可视化是将数据映射为图形元素，生成包含原始信息的视觉图像的过程。在可视化设计中，视图的设计者必须以一种直观的、绝大多数用户容易理解的数据可视化元素映射方式，对数据进行可视编码。同时，这个过程还涉及用户对相应视觉元素的心理感知和认知过程。因此，数据可视化的设计者们还需要遵循格式塔理论中关于视觉感知和认知的理论研究成果。

2.1.4　颜色理论

1. 光的特性

　　人们能够看到物体，是因为有光的存在；人眼能区分不同的颜色，是因为不同光的波长和强度有区别。

　　光作为一种电磁波，其波长范围很广，但人眼可以看到的电磁波的波长范围却很有限。电磁波中能被人眼所观察到的部分被称为可见光。如图 2-8 所示，可见光谱的波长由 780nm 向 380nm 变化时，人眼产生的颜色感觉依次是红（630～780nm）、橙（600～630nm）、黄（580～600nm）、绿（510～580nm）、青（450～510nm）、蓝（430～450nm）、紫（380～430nm）这七种颜色。一定波长的光谱呈现的颜色称为光谱色。因为太阳光包含全部可见光谱，所以给人留下的感觉是白色。

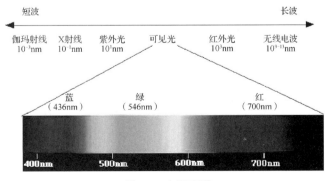

图 2-8　太阳光谱

如图 2-9 所示，人眼中的视锥细胞对波长有着不同的敏感范围，一般人眼中有三种不同的视锥细胞：第一种主要感受红色，它的最敏感点在 565nm 左右；第二种主要感受绿色，它的最敏感点在 535nm 左右；第三种主要感受蓝色，其最敏感点在 420nm 左右。

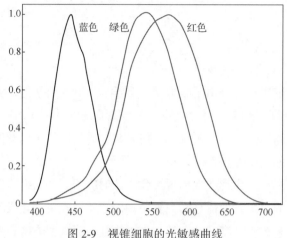

图 2-9　视锥细胞的光敏感曲线

红、绿、蓝作为三基色也正是基于人眼这样的生理特征而确定的。虽然眼球中的椎状细胞并非对红、绿、蓝三色的感受度最强，但是因为椎状细胞所能感受的光的带宽很大，红、绿、蓝能够独立地刺激这三种颜色的受光体，并且这三种颜色的区分度比较大，因此这三色被视为基色。三基色并不是光的物理性质，而是基于人眼的独特生理特征确定下来的。

因此，色相从本质上来说是不同波长的光线进入人眼之后，人对此产生的不同视觉感受的一种描述。

2. 三基色原理

大多数的颜色可以通过红、绿、蓝三色光按照不同的比例合成产生。同样地，绝大多数单色光也可以分解成红、绿、蓝三种色光，这是色度学的最基本原理，即三基色原理。红、绿、蓝三种基色是相互独立的，其中任何一种都不能由其他两种颜色合成。

三基色按照不同的比例相加合成的混色称为相加混色。

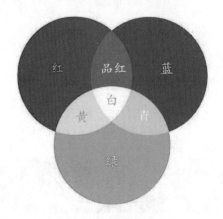

图 2-10　相加混色

如图 2-10 所示，红色+绿色=黄色；绿色+蓝色=青色。黄色、青色都是由两种基色相混合而成，所以它们又称相加二次色。另外，红色+青色=白色；绿色+品红=白色；蓝色+黄色=白色。所以，青色、品红、黄色分别与红色、绿色、蓝色互为补色。而任何两个非补色的色光相混合，产生出它们两个色调之间的新的色调，这种新色调又叫中间色。

除了相加混色法之外还有相减混色法。相减混色就是以吸收三基色比例不同而形成不同的颜色的。在白光照射下，青色颜料吸收红色而反射青色，黄色颜料吸收蓝色而反射黄色，品红颜料吸收绿色而反射品红，即白色-红色=青色；白色-蓝色=黄色；白色-绿色=品红。

用以上的相加混色三基色所表示的颜色模式称为 RGB 模式。而用相减混色三基色原理所表示的颜色模式称为 CMYK 模式，它被广泛运用于绘画和印刷领域，如打印机，它的油墨不会自己发出光线，因此只能采用吸收特定光波再反射其他光的颜色，所以需要用减色法来解决。

3. 不同的色彩对人心理的影响

颜色可以左右人的情绪，还可以影响人的判断。

如图 2-11 所示，暖色系的颜色是以橘色为中心的色群，它们常使人联想到炎热的夏季、火红的鲜花等。例如，黄色代表青春、乐观、豁达，常被作为点睛之笔；红色代表活力、速度、紧迫感，常用于庆祝、警醒、提示等。在暖色调的基础上，添加无彩色（彩色以外的其他颜色如金、银、黑、白、灰等）调和所得到的色彩皆属于暖色调的范畴，这样的配色常常给人以兴奋、愉快、活泼、亲切的感受，适用于积极、健康、努力等方面的表现内容。

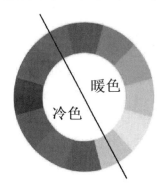

图 2-11　暖色与冷色

冷色系颜色是以蓝色为中心的色群，这个色群常会给人以寒冷、清爽、收缩的感受。在色彩明度和纯度都很低的冷色系色调的烘托下，能让画面呈现出收缩的视觉效果。例如，蓝色代表悠远、宁静、理智；绿色代表生命、新鲜、和平。在冷色调的基础上添加无彩色调和所得到的色彩皆属于冷色调的范畴，这样的配色给人冷静、坚定、理智、可靠的印象，适用于表现商业、科技、学习等方面的内容。

暖色、纯度和明度高的色彩，对人的视网膜及脑神经刺激较强，会加快血液循环，让人心潮澎湃，产生兴奋感。相反，冷色、纯度和明度低的色彩对视网膜及心理作用较弱，让人的心绪平稳，产生沉静感。

既然色彩会影响人们的潜意识，那么，在设计时，设计师就要找到合适的色彩去传达不同信息所包含的内涵。只有色彩被正确使用后，表达的信息才能深入人心，达到预期效果。

4. 色彩的三要素

从可视化编码的角度对颜色进行分析，可将颜色分为色相、明度和饱和度三个视觉通道，如图 2-12 所示。

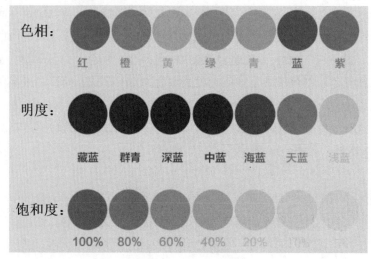

图 2-12　色彩三要素

（1）**色相**（Hub）：即色彩的相貌和特征，指颜色的种类和名称。如，红、橙、黄、绿、蓝、紫等为色彩的不同基本色相。黑白没有色相，为中性。

（2）**明度**（Brightness）：又称亮度，指颜色的深浅、明暗的变化。比如，深黄、淡黄、柠檬黄等黄色在明度上就不一样，深红、玫瑰红、大红、朱红、橘红等红颜色在明度上也不尽相同。这些颜色在明暗、深浅上的不同变化，是色彩的又一重要特征——明度变化。

色彩的明度变化有以下两种情况。

① 不同色相之间的明度变化。例如，白比黄亮、橙比红亮、紫比黑亮。

② 在某种颜色中，加白色，明度就会逐渐提高；加黑色，明度就会降低，但同时它们的纯度（颜色的饱和度）也会降低。

（3）**饱和度**（Saturation）：又称纯度，指色彩的鲜艳程度。饱和度越高，图像表现得越鲜艳；饱和度较低，则图像会表现得比较黯淡。

5. 数据可视化色彩搭配技巧

（1）色调与明度上的变化要大

在进行色彩搭配时，配色要容易辨识与区分，明度差异需要进行整体设计，而且明度差异要够大。选择单色系的配色时，最好先测试一下它在红色盲、绿色盲与灰度模式下的展示效果。只有在明度上有足够大的变化才能保证完美显示。

如图 2-13 所示，可视化还需要多种配色。对用户来说，配色种类越多，数据就越容易通过视觉被定位。最好再加上色相上的变化，这样就能使色盲用户感到视觉效果更明朗。因此，要想承载多种类的数据，设计者就需要把明度与色调的跨度设计得大一些。

50	#E1F5FE	50	#E1F5FE	50	#E1F5FE
100	#B3E5FC	100	#B3E5FC	100	#B3E5FC
200	#81D4FA	200	#81D4FA	200	#81D4FA
300	#4FC3F7	300	#4FC3F7	300	#4FC3F7
400	#29B6F6	400	#29B6F6	400	#29B6F6
500	#03A9F4	500	#03A9F4	500	#03A9F4
600	#039BE5	600	#039BE5	600	#039BE5
700	#0288D1	700	#0288D1	700	#0288D1
800	#0277BD	800	#0277BD	800	#0277BD
900	#01579B	900	#01579B	900	#01579B

图 2-13　亮蓝色分别在全彩模式、红色盲模式以及灰度模式下的呈现

（2）学习大自然的色彩过渡

人类长期置身于自然界的各种色彩变化中，对这些色彩的渐变感到舒适。设计者应该更多地去了解大自然中的色彩过渡，再将其应用到可视化设计中。如图 2-14 所示，从纯数学的角度来看，淡紫到深黄的过渡，与明黄到深紫的过渡，在感觉上十分相似。但经过实际观察发现，后者十分自然，前者则不是。

图 2-14　两种色彩过渡比较

这是由于在大自然的日落过程中，人们看到的是明黄色向深紫色的渐变，不是淡紫色向深黄色的过渡。同样地，从浅绿色变化到蓝紫色也是如此，此外还有很多类似的情况。正是由于我们已经熟悉这些自然界中的色彩变化，所以在可视化设计中设置这样的配色时，用户会感到熟悉而愉悦。图 2-15 所示为自然界中的颜色渐变示例。

图 2-15　自然界中的颜色渐变示例（照片来源于 Kyle Pearce、Kbh3rd）

（3）尽量使用渐变来替换静态的单一颜色

要想让设计效果更加美观，则可以在不同色调的基础上加上渐变。无论设计者选择几种颜色，都可以在渐变中提取出这些颜色，让可视化图表看起来更加自然，同时色调和亮度也有足够的变化。图 2-16 所示为某超市各类产品的销售情况，采用渐变色能直观地显示各类产品的销售额。

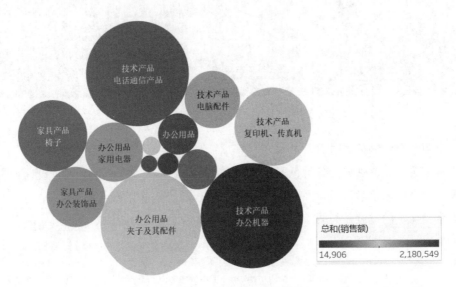

图 2-16　渐变色应用示例

现在有很多配色网站，如配色网、Color Jack 等，这些网站提供了大量的颜色搭配主题方案，读者可以自己学习和使用这些网站的配色方案。

2.1.5　视觉编码

1. 视觉编码的定义

数据可视化的制作过程实质上是数据到视觉元素的编码过程。可视化将数据以一定的编码原则映射为直观、易于理解和记忆的可视化元素。为了能有效、正确地引导用户对数据的理解和分析，设计者在数据的可视化过程中，必须遵循科学的视觉编码原则。设计者要研究人的视觉感知、不同的可视化元素的展示效果，以及如何合理使用不同的视觉通道表达数据所传达的重要信息，避免给用户造成视觉错觉，以达到良好的数据可视化效果。

所以，视觉编码（Visual Encoding）的定义可用一句话概括为：描述数据与可视化结果的映射关系。

我们把可视化看成一组图形符号的组合，这些图形符号携带了被编码的信息。而当人们从这些符号读取相应的信息时，就称之为解码。研究认为，能够在 10ms 内"解码"则被视为"有效信息传达"。

在图 2-17 所示的上下两幅图中，哪个更容易看出图中有多少个字母"S"？

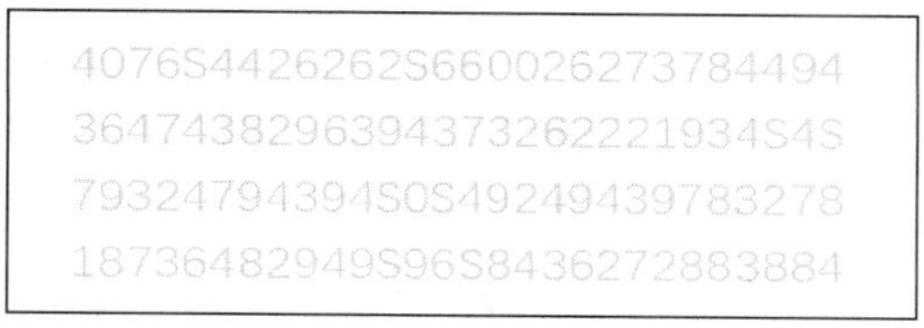

4076S4426262S660026273784494
364743829639437326222193 4S4S
79324794394S0S49249439783278
18736482949S96S8436272883884

（上）

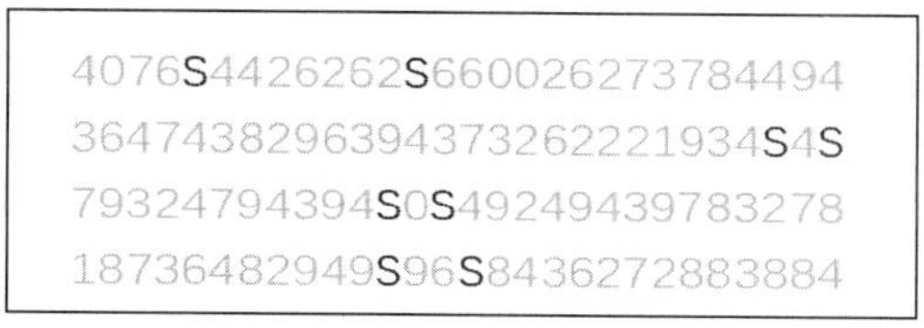

4076S4426262S660026273784494
364743829639437326222193 4S4S
79324794394S0S49249439783278
18736482949S96S8436272883884

（下）

图 2-17　寻找字母“S”

显然，下图使用了“颜色饱和度”视觉通道，它更准确和快速地传递了信息。

2. 视觉通道

（1）可视化编码

可视化编码由标记（图形元素）和视觉通道两部分组成，如图 2-18 所示。

① 标记：指图形元素，如点、线、面、体。

② 视觉通道：指用于控制图形元素的展示特性，包括元素的颜色、位置、尺寸、形状、方向、色调、饱和度、亮度、纹理等。

在通常情况下，单个可视化作品用到的视觉通道要尽可能少，若使用太多反而会造成人们视觉系统的混乱，使获取信息变得更难。

标记
点
线
面
视觉通道
一维位置
长度
颜色和形状
二维位置
颜色
角度和长度

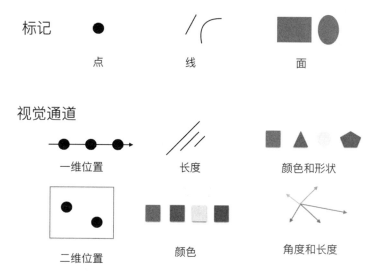

图 2-18　可视化编码

（2）视觉通道的类型

① 定性或分类的视觉通道：适合用于编码分类的数据信息，如形状、颜色的色调、空间位置。

② 定量或定序的视觉通道：适合用于编码有序的或者连续型的数据信息，如直线的长度、区域面积、空间的体积、斜度、角度、颜色的饱和度和亮度等。

③ 分组的视觉通道：分组是通过多个或多种标记的组合来进行描述的。分组通道包括接近性、相似性和包括性。分组通道适合将存在相互联系的数据进行分组，以此来表现数据内在的关联性。

大部分的视觉通道更加适合于编码定量的信息。

（3）视觉通道的表现力和有效性

视觉通道的类型决定了对不同的数据进行可视化时可采用的视觉通道，而视觉通道的表现力和有效性则可指导可视化设计者如何选择合适的视觉通道。视觉通道表现力和有效性体现在如下几个方面。

① 精确性：指人们视觉感知后的判断结果是否与原始数据一致。

② 可辨性：指视觉通道有不同的取值范围，如何取值能使人们更容易区分该视觉通道的两种或多种取值状态。

③ 可分离性：指将不同视觉通道的编码对象放置到一起，是否容易分辨。

④ 视觉突出：指对重要的信息，是否使用更加突出的视觉通道进行编码。

（4）数据和视觉通道的映射

可视化编码是在数据的字段和可视化通道之间建立对应关系的过程，它们的映射关系如下。

① 一个数据字段对应一个视觉通道（$1:1$）。

② 一个数据字段对应多个视觉通道（$1:n$）。

③ 多个数据字段对应一个视觉通道（$n:1$）。

（5）视觉编码设计的两大原则

① 表达性、一致性：可视化的结果应该充分表达数据想要表达的信息，且不会让用户产生歧义。

② 有效性、理解性：可视化之后比前一种数据表达方案更加有效，更加容易让人理解。

可视化编码设计还需要考虑色彩搭配、交互、美学因素、信息的密度、直观映射、隐喻等要素。

2.2 数据准备

2.2.1 数据类型

根据数据分析的要求，不同的应用应采用不同的数据分类方法。根据数据模型，我们可以将数据分为浮点数、整数、字符等；根据概念模型，可以定义数据为其对应的实际意义或者对象。在科学计算中，通常根据测量标度将数据分为四类：类别型数据、有序型数据、区间型数据和比值型数据。

（1）**类别型数据**：用于区分物体。例如，根据性别可以将人分为男性或者女性；商品可按用途、原材料、生产方法、化学成分、使用状态等进行不同的分类。这些类别可以用来区分一组对象。

（2）**有序型数据**：用来表示对象间的顺序关系，如成绩排名、身高排序等。

（3）**区间型数据**：用于得到对象间的定量比较。相对于有序型数据，区间型数据提供了详细的定量信息。例如，身高 160cm 与身高 170cm 相差 10cm，而 170cm 与 180cm 也相差 10cm，它们俩的差值是相等的。由此可见，区间型数据基于任意的起始点，只能衡量对象间的相对差别。

（4）**比值型数据**：用于比较数值间的比例关系，可以精确地定义比例。比如，2 班的学生数量是 1 班的 2 倍（2∶1）。

不同的数据类型对应着不同的集合操作和统计操作，如表 2-1 所示。

表 2-1　　　　　　　　　　　　　　　数据类型及其适用的操作

数据类型	操作	集合操作	统计操作
类别型	=、≠	互换元素位置	类别、模式、列联相关
有序型	=、≠、>、<	计算元素单调递增（减）	中值、百分位数
区间型	=、≠、>、<、+、−	元素间线性加（减）	平均值、标准方差、等级相关、积差相关
比值型	=、≠、>、<、+、−、×、÷	元素间相似度	变异系数

在数据可视化中，通常并不区分区间型数据和比值型数据，所以可以将数据类型精简为三种：类别型数据、有序型数据和数值型数据（包括区间型数据和比值型数据）。基础的可视化设计一般针对这三种数据展开，而复杂型数据通常是这三种数据的组合。

2.2.2　数据预处理

在大数据时代，由于数据的来源非常广泛，数据类型和格式存在差异，并且这些数据中的大部分是有噪声的、不完整的，甚至存在错误。因此，在对数据进行分析与挖掘前，对采集的数据进行预处理是非常有必要的。

数据预处理的目的是提升数据质量，使得后续的数据处理、分析、可视化过程更加容易、有效。

数据质量体现在以下六个方面。

（1）有效性：数据与实际情况对应时，是否违背约束条件。

（2）准确性：数据能否准确地反映现实。

（3）完整性：采集的数据集是否包含了数据源中的所有数据点，且每个样本的属性都是完整的。

（4）一致性：整个数据集中的数据的衡量标准要一致。

（5）时效性：数据适合当下时间区间内的分析任务。

（6）可信性：数据源中的数据是使用者可依赖的。

数据预处理步骤如下。

（1）**数据清理**：指修正数据中的错误、识别脏数据、更正不一致数据的过程。其中涉及的技术有不一致性检测技术、脏数据识别技术、数据过滤技术、数据修正技术、数据噪声的识别与平滑技术等。

（2）**数据集成**：指把来自不同数据源的同类数据进行合并，减少数据冲突，降低数据冗余程度等。

（3）**数据归约**：指在保证数据挖掘结果准确性的前提下，最大限度地精简数据量，得到简化的数据集。数据归约技术包括维归约技术、数值归约技术、数据抽样技术等。数据归约技术可以用于得到数据集的归约表示，它虽然小，但会保持原数据的完整性。因此，在归约后的数据集上进行挖掘也会产生相同（或几乎相同）的分析结果。

（4）**数据转换**：指对数据进行规范化处理。数据转换处理技术包括基于规则或元数据的转换技术、基于模型和学习的转换技术等。

2.2.3　数据组织与管理

大数据存储利用的是分布式存储与访问技术，它具有高效、容错性强等特点。分布式存储技术与数据存储介质的类型和数据的组织与管理形式有关。目前，主要的数据存储介质类型包括机械硬盘、固态硬盘、U盘、光盘、闪存卡等，主要的数据组织形式包括按行组织、按列组织、按键值组织和按关系组织，主要的数据组织管理层次包括按块级、文件级及数据库级组织管理等。不同的存储介质和组织管理形式对应于不同的大数据特征和应用场景。

1. 分布式文件系统

分布式文件系统是指文件在物理上可能被分散存储在不同地点的节点上，各节点通过计算机网络进行通信和数据传输，但在逻辑上仍然是一个完整的文件。用户在使用分布式文件系统时，无须知道数据存储在哪个具体的节点上，只需像操作本地文件系统一样进行管理和存储数据即可。

常用的分布式文件系统有 HDFS（Hadoop 分布式文件系统）、GFS（Google 分布式文件系统）、KFS（Kosmos 分布式文件系统）等，常用的分布式内存文件系统有 Tachyon 等。

2. 文档存储

文档存储支持对结构化数据的访问，一般以键值对的方式进行存储。

文档存储模型支持嵌套结构。例如，文档存储模型支持 XML 和 JSON 文档，字段的"值"又可以嵌套存储其他文档。MongoDB 数据库通过支持在查询中指定 JSON 字段路径实现类似的功能。

文档存储模型也支持数组和列值键。

主流的文档数据库有 MongoDB、CouchDB、Terrastore、RavenDB 等。

3. 列式存储

列式存储是指以流的方式在列中存储所有的数据。列式数据库把一列中的数据值串在一起存储，然后再存储下一列的数据，以此类推。列式数据库由于查询时需要读取的数据块少，所以查询速度快。因为同一类型的列存储在一起，所以数据压缩比高，简化了数据建模的复杂性。但它是按列存储的，插入更新的速度比较慢，不太适合用于数据频繁变化的数据库。它适合用于决策支持系统、数据集市、数据仓库，不适合用于联机事务处理（OLTP）。

使用列式存储的数据库产品，有传统的数据仓库产品，如 Sybase IQ、InfiniDB、Vertica 等；也有开源的数据库产品，如 Hadoop HBase、Infobright 等。

4. 键值存储

键值存储，即 Key-Value 存储，简称 KV 存储。它是 NoSQL 存储的一种方式。它的数据按照键值对的形式进行组织、索引和存储。键值存储能有效地减少读写磁盘的次数，比 SQL 数据库存储拥有更好的读写性能。

键值存储实际是分布式表格系统的一种。主流的键值数据库产品有 Redis、Apache Cassandra、Google Bigtable。

5. 图形数据库

当事物与事物之间呈现复杂的网络关系（这些关系可以简单地称为图形数据）时，最常见例子就是社会网络中人与人之间的关系，用关系型数据库存储这种"关系型"数据的效果并不好，其查询复杂、缓慢，并超出预期，而图形数据库的出现则弥补了这个缺陷。

图形数据库是 NoSQL 数据库的一种类型，是一种非关系型数据库，它应用图形理论存储实体之间的关系信息。图形数据库采用不同的技术很好地满足了图形数据的查询、遍历、求最短路径等需求。在图形数据库领域，有不同的图模型来映射这些网络关系，可用于对真实世界的各种对象进行建模，如社交图谱可用于反应事物之间的相互关系。主流的图形数据库有 Google Pregel、Neo4j、Infinite Graph、DEX、InfoGrid、HyperGraphDB 等。

6. 关系数据库

关系模型是最传统的数据存储模型，数据按行存储在有架构界定的表中。表中的每个列都有名称和类型，表中的所有记录都要符合表的定义。用户可使用基于关系代数演算的结构化查询语言（Structured Query Language，SQL）提供相应的语法查找符合条件的记录，通过表连接在多表之间查询记录，表中的记录可以被创建和删除，记录中的字段也可以单独更新。

关系模型数据库通常提供事务处理机制，可以进行多条记录的自动化处理。在编程语言中，表可以被视为数组、记录列表或者结构。

目前，关系型数据库也进行了改进，支持如分布式集群、列式存储，支持 XML、JSON 等数据的存储。

7. 内存数据库

内存数据库（Main Memory Database，MMDB）就是将数据放在内存中直接操作的数据库。相对于磁盘数据，内存数据的读写速度要高出几个数量级。MMDB 的最大特点是其数据常驻内存，即活动事务只与实时内存数据库的内存数据"打交道"，所处理的数据通常是"短暂"的，有一定的有效时间，过时则有新的数据产生。所以，实际应用中采用内存数据库来处理实时性强的业务逻辑。内存数据库产品有 Oracle TimesTen、eXtremeDB、Redis、Memcached 等。

8．数据仓库

数据仓库（Data Warehouse）是一种特殊的数据库，一般用于存储海量数据，并直接支持后续的分析和决策操作。数据仓库是一个面向主题的、集成的、相对稳定的、反映历史变化的数据集合，用于支持管理决策。

对于数据仓库，我们可以从两个层次来理解。首先，数据仓库用于支持决策，面向分析型数据处理，它不同于企业现有的操作型数据库；其次，数据仓库是对多个异构的数据源有效集成，集成后按照主题进行了重组，并包含历史数据，存放在数据仓库中的数据一般不会再修改。

企业数据仓库的建设，是以现有企业业务系统和大量业务数据的积累为基础。数据仓库不是静态的概念，只有及时提交数据，供使用者做出经营决策，数据才有意义，信息才能发挥作用。数据仓库的建设是一项系统工程。

2.2.4 数据分析与数据挖掘

1．数据分析

数据分析是指用适当的统计分析方法对收集来的大量数据进行分析，目的是找出内在规律，提取隐藏在大量数据中的信息，从而帮助人们理解、判断、决策和行动。

常用的数据分析有统计分析、探索性数据分析、验证性数据分析、在线分析与处理。

（1）**统计分析**：是指对数据进行统计描述和统计推断的过程。

统计描述指应用统计特征（均值、标准差和相关系数等）、统计表和统计图等方法，对数据的数量特征及其分布规律进行测定和描述（如集中趋势、离散程度和相关程度等）。

统计推断是指用概率方法判断数据之间的关系及用样本统计特征来推测总体特征的方法。统计推断已成为统计学的核心内容，是数据分析的重要方法。

（2）**探索性数据分析**（Exploratory Data Analysis，EDA）：是对调查、观测所得到的一些初步的杂乱无章的数据，在尽量少的先验假设下进行处理，通过作图、制表等形式和方程拟合、计算某些特征量等手段，探索数据的结构和规律的一种数据分析方法。它强调从数据中寻找出之前没有发现过的特征和信息。

（3）**验证性数据分析**：是指在已经有事先假设的关系模型等情况下，通过数据分析来验证已提出的假设。

（4）**在线分析与处理**（Online Analysis Processing，OLAP）：是一种交互式探索大规模多维数据集的方法。OLAP 将数据实体的多项重要属性定义为多个维度，让用户比较不同维度上的数据。OLAP 的基本功能有切片和切块（Slice and Dice）、钻取（Drill）和旋转（Pivoting）。

2．数据挖掘

数据挖掘一般是指从大量的数据中通过算法搜索隐藏于其中的信息的过程。数据挖掘通常与计算机科学有关，并通过统计、在线分析处理、情报检索、机器学习、专家系统（依靠过去的经验法则）和模式识别等诸多方法来实现搜索隐藏于大量数据中的信息。数据挖掘的对象是大规模的高维数据，这些数据可能来自于数据库、数据仓库或者其他数据源，可以是任何类型的数据。

数据挖掘是在没有明确假设的前提下去挖掘信息和发现知识。一个有趣的应用范例是"尿布与啤酒"的故事。沃尔玛公司为了分析顾客最有可能一起购买哪些商品，利用自动数据挖掘工具，对数据库中的大量数据进行分析后，意外地发现，跟尿布一起购买最多的商品竟是啤酒。为什么两件风马牛不相及的商品会被人一起购买？调查后发现，太太们常叮嘱她们的丈夫，下班后为小孩买尿布，而丈夫们在买尿布后又随手带回了啤酒。既然尿布与啤酒一起购买的机会最多，商店就将它们摆放在一起，结果，实现了尿布与啤酒的销售量双双增长。在这个例子中，数字挖掘技术功不可没。

常见的数据挖掘分析方法有分类与预测、聚类分析、关联分析和异常分析等。

（1）分类与预测

分类算法是从数据中选出已经分好类的训练集，在此训练集上运用数据挖掘分类技术，构造一个分类模型，然后再根据此分类模型对数据集中未分类的数据进行分类。其中，类的个数是确定的，预先定义好的。

分类具有广泛的应用，例如，医疗诊断、信用卡的信用分级。

分类器的构造方法多种多样，如决策树、贝叶斯方法、神经网络和遗传算法等。

（2）聚类分析

聚类指将数据集聚集成几个簇（聚类），使得同一个聚类中的数据集之间的相似程度高，而不同聚类中的数据集之间的相似程度低，利用分布规律从数据集中发现有用的规律。

例如，商业聚类分析被用来发现不同的客户群，并且通过购买模式刻画不同的客户群的特征；生物聚类分析被用来对动植物和基因进行分类，获取对种群固有结构的认识；电子商务聚类分析分组聚类出具有相似浏览行为的客户，并分析客户的共同特征，更好地帮助电子商务的用户了解自己的客户，向客户提供更合适的服务。

聚类不依赖于预先定义好的类，不需要训练集。因此，聚类通常作为其他算法（如特征和分类）的预处理步骤。

聚类方法有很多，常见的有五类：划分方法、层次方法、基于密度方法、基于网格方法和基于模型方法。

（3）关联分析

关联分析就是发现存在于大量数据集中的关联性或相关性，从而描述了一个事物中某些属性同时出现的规律和模式。

关联分析的一个典型例子是购物篮分析。该过程通过发现顾客放入购物篮中的不同商品之间的联系，分析顾客的购买习惯。

关联分析中的最重要的内容是关联规则的挖掘研究，关联规则描述在一个数据集中的一个数据与其他数据之间的相互依存性和关联性。关联规则可从事务、关系数据中的集合对象发现频繁模式、关联规则、相关性或因果结构。

（4）异常分析

在海量数据中，有少量数据与大多数数据的特征不一样，在数据的某些属性方面有很大的差异。它们是数据集中的异常子集，或称离群点。通常，它们被认为是噪声，常规的数据处理试图将它们的影响最小化，或者删除这些数据。然而，这些异常数据可能是重要信息，包含潜在的知识。例如，在信用卡欺诈探测中发现的异常数据可能隐藏欺诈行为；临床上异常的病理反应可能是重大的医学发现。

数据挖掘的步骤如下。

（1）确定业务对象

清晰地定义业务问题，认清数据挖掘的目的。数据的挖掘结果是不可预测的，但要探索的方向应是有预见的，不应该带有盲目性。

（2）数据准备

数据的准备包括数据的选择（选择适用于数据挖掘应用的数据）、数据的预处理（研究数据的质量，并确定将要进行的挖掘操作的类型）和数据的转换（将数据转换成适合挖掘算法处理的类型）。

（3）数据挖掘

对所得到的经过预处理的数据进行挖掘。除了选择合适的挖掘算法外，其余一切工作都能自动地完成。

（4）结果分析

解释并评估结果。其使用的分析方法一般应根据数据挖掘操作而定，通常会用到可视化技术。

（5）知识的同化

将分析所得到的知识集成到业务信息系统的组织结构中去。

传统的数据挖掘依赖机器智能运算，但机器智能仍难以处理许多复杂的情况，很多时候还需要人工的配合、判断和解释，而这需要高效的人机交互界面才能完成。在数据挖掘过程中，使用可视化技术，可以帮助用户更紧密地参与整个挖掘过程，更好地发挥人的感知与判断能力。在这种情况下，可视数据挖掘应运而生。可视化的引入使整个数据挖掘过程清晰可见，而且能更合理地处理复杂数据和噪声。

从本质上说，数据可视化是可视分析的前提，它旨在提供一种直观的视觉界面，让用户通过人脑智能发现数据中蕴涵的规律。

2.3 数据可视化的基本框架

本节将从数据可视化的一般流程和数据可视化的设计标准及框架两方面阐述数据可视化的基本框架。

2.3.1 数据可视化的流程

数据可视化的流程以数据流向为主线，其核心流程主要包括数据采集、数据处理和变换、可视化映射和用户感知四大步骤。整个可视化过程可以看成是数据流经过一系列处理步骤后得到转换的过程。用户可以通过可视化的交互功能进行互动，通过用户的反馈提高可视化的效果。

（1）**数据采集**。可视化的对象是数据，而采集的数据涉及数据格式、维度、分辨率和精确度等重要特性，这些都决定了可视化的效果。因此，在可视化设计过程中，一定要事先了解数据的来源、采集方法和数据属性，这样才能准确地反映要解决的问题。

（2）**数据处理和变换**。这是数据可视化的前期准备工作。原始数据中含有噪声和误差，还会有一些信息被隐藏。可视化之前需要将原始数据转换成用户可以理解的模式和特征并显示出来。所以，数据处理和变换是非常有必要的，它包括去噪、数据清洗、提取特征等流程。

（3）**可视化映射**。可视化映射过程是整个流程的核心，其主要目的是让用户通过可视化结果去理解数据信息以及数据背后隐含的规律。该步骤将数据的数值、空间坐标、不同位置数据间的联系等映射为可视化视觉通道的不同元素，如标记、位置、形状、大小和颜色等。因此，可视化映射是与数据、感知、人机交互等方面相互依托，共同实现的。

（4）**用户感知**。可视化映射后的结果只有通过用户感知才能转换成知识和灵感。用户从数据的可视化结果中进行信息融合、提炼、总结知识和获得灵感。数据可视化可让用户从数据中探索新的信息，也可证实自己的想法是否与数据所展示的信息相符合，用户还可以利用可视化结果向他人展示数据所包含的信息。用户可以与可视化模块进行交互。交互功能在可视化辅助分析决策方面发挥了重要作用。

直到今天，还有很多科学可视化和信息可视化工作者在不断地优化可视化工作流程。

图 2-19 是由 Haber 和 McNabb 提出的可视化流水线，描述了从数据空间到可视空间的映射，包含了数据分析、数据过滤、数据可视映射和绘制等各个阶段。这个流水线常用于科学计算可视化系统中。

图 2-19 Haber 和 McNabb 提出的可视化流水线

图 2-20 所示为武汉大学学者设计的图书情报领域信息可视化流程模型，该模型把流水线改成了回路，用户可在任何阶段进行交互。

可以看出，不管在哪种可视化流程中，人是核心要素。虽然机器可承担对数据的计算和分析工作，而且在很多场合比人的效率高，但人仍是最终决策者。

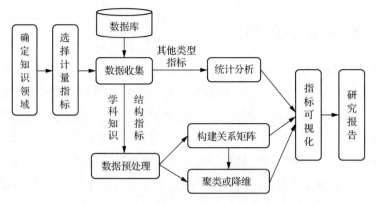

图 2-20　图书情报领域信息可视化流程模型

2.3.2　数据可视化的设计标准及框架

1.　数据可视化的设计标准

设计数据可视化时，我们应遵守以下可视化设计标准。

（1）表达力强。能真实全面地反映数据的内容。

（2）有效性强。一个有效的可视化设计应在短时间内把数据信息以用户容易理解的方式显示出来。

（3）能简洁地传达信息。这样能在有限的画面里呈现更多的数据，而且不容易让用户产生误解。

（4）易用。用户交互的方式应该简单、明了，用户操作起来很方便。

（5）美观。视觉上的美感可以让用户更易于理解可视化要表达的内容，提高工作效率。

2.　数据可视化的设计框架

数据可视化的设计框架可归纳为图 2-21 中的四个层次。

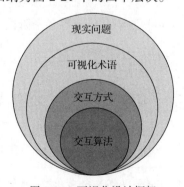

图 2-21　可视化设计框架

第一层描述现实生活中用户遇到的实际问题。在第一层中，可视化设计人员会用大量的时间与用户接触，采用有目标的采访或软件工程领域的需求分析方法来了解用户需求。首先，设计人员要了解用户的数据属于哪个特定的目标领域。因为每个领域都有其特有的术语来描述数据和问题，通常也有一些固定的工作流程来描述数据如何用于解决每个领域的问题。其次，描述务必细致，因为这可能是对领域问题的直接复述或整个设计过程中数据的描述。最后，设计人员需要收集与问题相关的信息，建立系统原型，并通过观察用户与原型系统的交互过程来判断所提出方案的实际效果。

第二层是抽象层，它将第一层确定的任务和数据转换为信息可视化术语。这也是可视化设计人员面临的挑战之一。在数据抽象过程中，可视化设计人员需要考虑是否要将用户提供的数据集转化为其他形式，以及使用何种转化方法，以便选择合适的可视编码，完成分析任务。

第三层是编码层，设计视觉编码和交互方式，是可视化研究的核心内容。视觉编码和交互这两个层面通常相互依赖。为应对一些特殊需求，第二层确定的抽象任务应被用于指导视觉编码方法的选取。

第四层则需要具体实现与前三个层次匹配的数据可视化展示和交互算法，相当于一个细节描述过程。它与第三层的不同之处在于第三层确定应当呈现的内容以及呈现的方式，而第四层解决的是如何完成的问题。

框架中的每个层次都存在着不同的设计难题，第一层需要准确定义问题和目标，第二层需要正确处理数据，第三层需要提供良好的可视化效果，第四层需要解决可视化系统的运行效率问题。各层之间是嵌套关系，外层的输出是内层的输入。

2.4　数据可视化的基本原则

数据可视化的主要目的是准确地为用户展示和传达出数据所包含（隐藏）的信息。简洁明了的可视化设计会让用户受益，而过于复杂的可视化则会给用户带来理解上的偏差和对原始数据信息的误读；缺少交互的可视化会让用户难以多方面地获得所需的信息；没有美感的可视化设计则会影响用户的情绪，从而影响信息传播和表达的效果。因此，了解并掌握可视化的一些设计方法和原则，对设计有效的可视化十分重要。本节将介绍一些有效的可视化设计指导思路和原则，以帮助读者完成可视化设计。

设计制作一个可视化视图包括如下三个主要步骤：

（1）确定数据到标记（即图形元素）和视觉通道的映射，确定要呈现的是什么的数据；

（2）视图的选择与用户交互控制的设计，建立数据指标，从总体到局部逐步展示数据结果；

（3）数据的有效筛选，即确定在有限的可视化视图空间中选择适当容量的信息进行编码，以避免在数据量过大情况下产生的视觉混乱，也就是说，可视化的结果需要保持合理的信息密度。

为了提高可视化结果的有效性，可视化设计的内容还包括颜色、标记和动画的设计等。

2.4.1　数据筛选

一个优秀的可视化设计必须展示适量的信息内容，以保证用户获取数据信息的效率。若展示的信息过少则会使用户无法更好地理解信息；若包含过多的信息则可能造成用户的思维混乱，甚至可能会导致错失重要信息。因此，一个优秀的可视化设计应向用户提供对数据进行筛选的操作，从而可以让用户选择数据的哪一部分被显示，而其他部分则在需要的时候才显示。另一种解决方案是通过使用多视图或多显示器，根据数据的相关性分别显示。

2.4.2　数据到可视化的直观映射

在设计数据到可视化的映射时，设计者不仅要明确数据语义，还要了解用户的个性特征。如果设计者能够在可视化设计时预测用户在使用可视化结果时的行为和期望，就可以提高可视化设计的可用性和功能性，有助于帮助用户理解可视化结果。设计者利用已有的先验知识可以减少用户对信息的感知和认知所需的时间。

数据到可视化的映射还要求设计者使用正确的视觉通道去编码数据信息。比如，对于类别型数据，务必使用分类型视觉通道进行编码；而对于有序型数据，则需要使用定序的视觉通道进行编码。

2.4.3　视图选择与交互设计

优秀的可视化展示，首先使用人们认可并熟悉的视图设计方式。简单的数据可以使用基本的可视化视图，复杂的数据则需要使用或开发新的较为复杂的可视化视图。此外，优秀的可视化系统还应该提供一系列的交互手段，使用户可以按照所需的展示方式修改视图展示结果。

视图的交互包括以下内容：

（1）视图的滚动与缩放；

（2）颜色映射的控制，如提供调色盘让用户控制；

（3）数据映射方式的控制，让用户可以使用不同的数据映射方式来展示同一数据；

（4）数据选择工具，用户可以选择最终可视化的数据内容；

（5）细节控制，用户可以隐藏或突出数据的细节部分。

2.4.4　美学因素

可视化设计者在完成可视化的基本功能后，需要对其形式表达（可视化的美学）方面进行设计。有美感的可视化设计会更加吸引用户的注意，促使其进行更深入的探索。因此，优秀的可视化设计必然是功能与形式的完美结合。在可视化设计中有很多方法可以提高美感，总结起来主要有如下三种原则。

（1）**简单原则**：指设计者应尽量避免在可视化制作中使用过多的元素造成复杂的效果，找到可视化的美学效果与所表达的信息量之间的平衡。

（2）**平衡原则**：为了有效地利用可视化显示空间，可视化的主要元素应尽量放在设计空间的中心位置或中心附近，并且元素在可视化空间中尽量平衡分布。

（3）**聚焦原则**：设计者应该通过适当手段将用户的注意力集中到可视化结果中的最重要区域。例如，设计者通常将可视化元素的重要性排序后，对重要元素通过突出的颜色进行编码展示，以提高用户对这些元素的关注度。

2.4.5 可视化的隐喻

用一种事物去理解和表达另一种事物的方法称为隐喻（metaphor），隐喻作为一种认知方式参与人对外界的认知过程。与普通认知不同，人们在进行隐喻认知时需要先根据现有信息与以往经验寻找相似记忆，并建立映射关系，再进行认知、推理等信息加工。解码隐喻内容，才能真正了解信息传递的内容。

可视化过程本身就是一个将信息进行隐喻化的过程。设计师将信息进行转换、抽象和整合，用图形、图像、动画等方式重新编码表示信息内容，然后展示给用户。用户在看到可视化结果后进行隐喻认知，并最终了解信息内涵。信息可视化的过程是隐喻编码的过程，而用户读懂信息的过程则是运用隐喻认知解码的过程。隐喻的设计包含隐喻本体、隐喻喻体和可视化变量三个层面。选取合适的源域和喻体，就能创造更佳的可视和交互效果。

2.4.6 颜色与透明度

颜色在数据可视化领域通常被用于编码数据的分类或定序属性。有时，为了便于用户在观察和探索数据可视化时从整体进行把握，可以给颜色增加一个表示不透明度的分量通道，用于表示离观察者更近的颜色对背景颜色的透过程度。该通道可以有多种取值，当取值为 1 时，表示颜色是不透明的；当取值为 0 时，表示该颜色是完全透明的；当取值介于 0 和 1 之间时，表示该颜色可以透过一部分背景的颜色，从而实现当前颜色和背景颜色的混合，创造出可视化的上下文效果。

颜色混合效果可以为可视化视图提供上下文内容信息，方便观察者对数据全局进行把握。例如，在可视化交互中，当用户通过交互方式移动一个标记而未将其就位时，颜色混合所产生的半透明效果可以对用户造成非常直观的操作感知效果，从而提高用户的交互体验。但有时颜色的色调视觉通道在编码分类数据上会失效，所以在可视化中应当慎用颜色混合。

2.5 数据可视化的基本图表

统计图表是最早的数据可视化形式之一，作为基本的可视化元素仍然被广泛使用。对很多复杂的大型可视化系统而言，这类图表更是不可或缺的基本组成元素。

基本的可视化图表按照其所呈现的信息和视觉复杂程度可以分为三类：原始数据绘图、简单统计值标绘和多视图协调关联。

2.5.1 原始数据绘图

原始数据绘图用于可视化原始数据信息的直观呈现。其典型方法有数据轨迹、柱形图、条形图、折线图、直方图、饼图、等值线图、走势图、散点图、气泡图、维恩图、热力图和雷达图等。实际选择图表时应先从总体上观察数据，然后细化到具体的分类和其他的特性。

1. 数据轨迹

数据轨迹是一种标准的单变量数据呈现方法：x轴显示自变量，y轴显示因变量。数据轨迹可直观地呈现数据分布、离群值、均值的偏移等。图 2-22 所示为中兴通讯[00763]股票随时间的价格走势图。

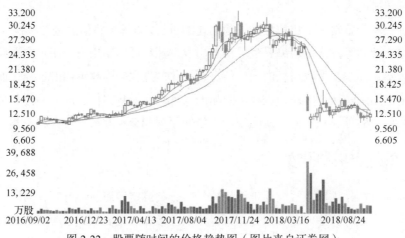

图 2-22　股票随时间的价格趋势图（图片来自证券网）

2. 柱形图

柱形图采用长方形的形状和颜色编码数据的属性。柱形图的每根直柱内部也可以用像素图方式编码，这种柱形图称为堆叠柱形图。柱形图适用于二维数据集，但只有一个维度需要比较。柱形图利用柱子的高度反应数据的差异。柱形图的局限在于只适用于中小规模的数据集。图 2-23（a）柱形图为 2013—2017 年国内生产总值及其增长率；图 2-23（b）堆叠柱形图为 2013—2017 年三次产业增加值占国内生产总值比重。

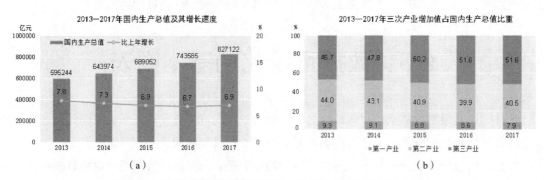

图 2-23　柱形图与堆叠柱形图示例（图片来自国家统计局官网）

3. 条形图

条形图是柱形图向右旋转了 90° 的呈现方式，如图 2-24 所示。当条目数较多时，如大于 12 条时，移动端上的柱状图会显得拥挤不堪，这时更适合用条形图。条形图的条目数一般要求不超过 30 条，否则易带来视觉和记忆上的负担。

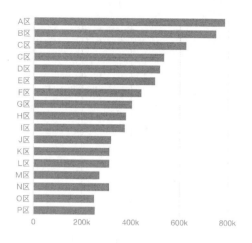

图 2-24 条形图示例

4. 折线图

折线图可用于二维大数据集，适用于趋势比单个数据点更重要的场合。图 2-25 为 2018 年北京市某个时段的气温预报折线图，通过观察该图，用户就能够清晰地了解该时段的气温变化情况。

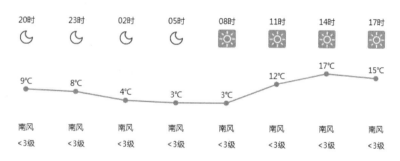

图 2-25 气温预报折线图（图片来自中国天气网）

折线图还适用于多个二维数据集的比较。图 2-26 所示的折线图直观地展示了居民消费的涨跌幅度。

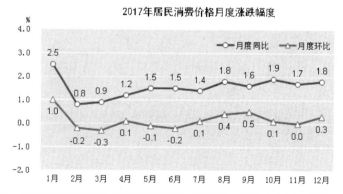

图 2-26 2017 年居民消费价格月度涨跌幅度折线图（图片来自国家统计局官网）

5. 直方图

直方图是对数据集中某个数据属性的频率统计。对于单变量数据，其取值范围映射到横轴，并分割为多个子区间。每个子区间用一个直立的长方块表示，高度正比于该属性值子区间内数据点的个数。直方图可以呈现数据的分布、离群值和数据分布的状态。直方图的各个部分之和等于单位整体，而柱状图的各个部分之和则没有限制，这是两者的主要区别。图 2-27 所示为我国某高校学生的体重（kg）的概率直方图。

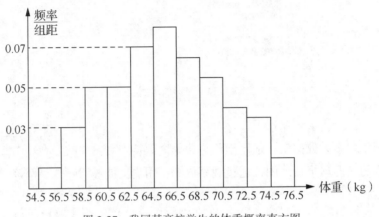

图 2-27　我国某高校学生的体重概率直方图

6. 饼图

饼图采用环状方式呈现各分量在整体中的比例。由于人眼对面积的大小不敏感，当饼图各个分量比例相差不大时，应用柱状图替代饼图。图 2-28 所示为 2017 年全国居民人均消费支出及其构成，采用饼图的形式，用户就能够直观地看出各个消费部分的占比。

除饼图外，环形图（甜甜圈图）也可以表示占比，其特点是将饼图的中间区域挖空，在空心区域显示文本信息（如标题），其优势是空间利用率更高，如图 2-29 所示。

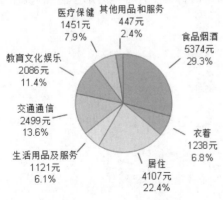

图 2-28　饼图示例（来自国家统计局官网）

图 2-29　环形图示例

旭日图既可以表示占比情况，也可以表示层级构成关系，如图 2-30 所示。

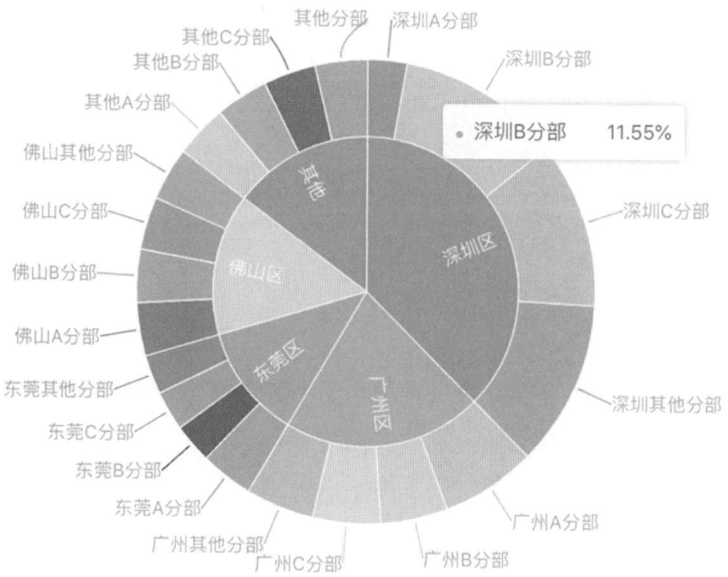

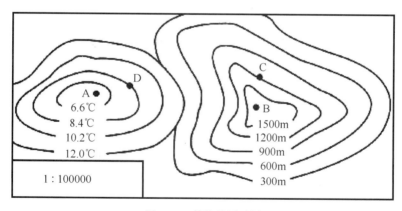

图 2-30　旭日图示例

7. 等值线图

等值线图使用相等数值的数据点连线来表示数据的连续分布和变化规律。等值线图中的曲线是空间中具有相同数值（高度、深度等）的数据点在平面上的投影。如图 2-31 所示，其左半部分为温度等值线图，右半部分为高度等值线图。

图 2-31　等值线图示例

8. 走势图

走势图是一种紧凑、简洁的数据趋势表达方式，它通常以折线图为基础，往往直接嵌入在文本或表格中。走势图使用高度密集的折线图表达方式来展示数据随某一变量（时间、空间）的变化趋势。图 2-32 所示为北京地区 2017 年 11 月～2018 年 11 月的房价走势图，该图清晰地反映了北京地区已经有效扼制房价上涨，总体房价有所降低。

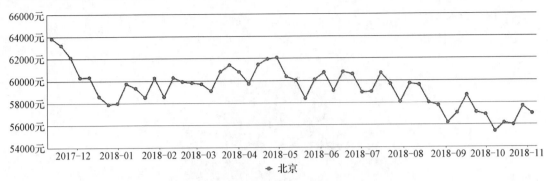

图 2-32　北京房价走势图

9. 散点图

散点图是表示二维数据的标准方法。在散点图中，所有数据以点的形式出现在笛卡儿坐标系中，每个点所对应的横、纵坐标分别代表该数据在坐标轴上的属性值大小。散点图适用于三维数据集，但其中只有两维需要比较。为了识别第三维，可以为每个点加上文字标识，或者不同的颜色。图 2-33 所示为快递的单票成本与单票收入统计，每个散点代表一个快递站点，横坐标表示该快递站点每个快递的平均成本，纵坐标表示该快递站点每个快递的平均收入，不同的颜色代表快递站所属的区域。

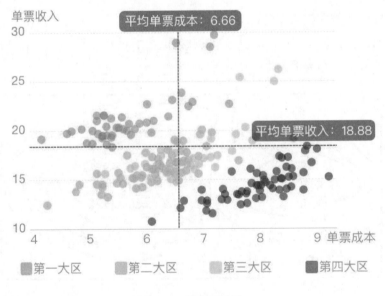

图 2-33　散点图示例

10. 气泡图

气泡图是散点图的一种变形，通过每个点的面积大小来表示第三维。如果为气泡图加上不同颜色（或者文字标签），气泡图就可以用来表示四维数据。图 2-34 所示为某产品在三个地区的销售统计，该图直观显示出 B 地区的销售额最高，且增长率也最高。

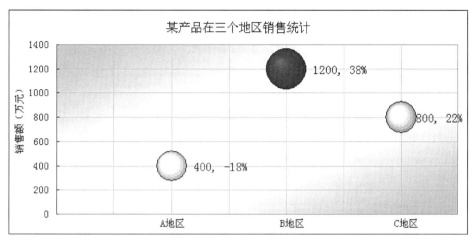

图 2-34　气泡图示例

11．维恩图

维恩图（Venn Diagram），或译为文氏图、Venn 图、温氏图、维恩图、范氏图。它使用平面上的封闭图形来表示数据集合之间的关系。每个封闭图形代表一个数据集合，图形之间的交叠部分代表集合间的交集，图形外的部分代表不属于该集合的数据部分，如图 2-35 所示。

图 2-35　维恩图示例

12．热力图

热力图使用颜色来表达位置相关的二维数值数据大小。这些数据常以矩阵或方格形式排列，或在地图上按一定位置关系排列，每个数据点都可以使用颜色编码数值。如某时间我国某城市的深夜出行人数热力图，颜色越深，范围越大，则表明深夜出行人数越多。

13．雷达图

雷达图又称为戴布拉图、蜘蛛网图（Spider Chart），适用于多维数据（四维以上），且每个维度必须可以排序。图 2-36 所示为某初中期末考试的得分统计信息。

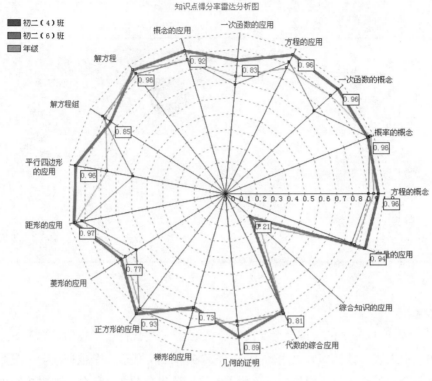

图 2-36　雷达图示例

2.5.2　简单统计值标绘

箱形图又称为盒须图，是用于显示一组数据分散情况的统计图，因形如箱子而得名。箱形图在各种领域也经常被使用，常见于品质管理。

箱形图于 1977 年由美国著名统计学家约翰·图基（John Tukey）发明。它显示出一组数据的最大值、最小值、中位数及上下四分位数。图 2-37 为植被土壤含水量的箱形图，它的基本形式是用一个长方形箱子表示数据的范围，并在箱子中用横线标明均值的位置。同时，在箱子上部和下部分别用两根横线标注最大值和最小值。针对二维数据，标准的一维箱形图可以根据需要扩充为二维箱形图。

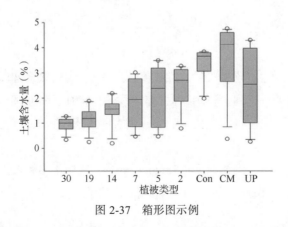

图 2-37　箱形图示例

2.5.3　多视图协调关联

多视图协调关联将不同类型的绘图组合起来，每个绘图单元可以展现数据某方面的属性，并且通常允许用户进行交互分析，提升用户对数据的模式识别能力。在多视图协调关联应用中，"选择"操作作为一种探索方法，可以对某个对象和属性进"取消选择"，也可以选择属性的子集或对象的子集，以查看每个部分之间的关系。图 2-38 所示为某企业的云计算服务监控系统。

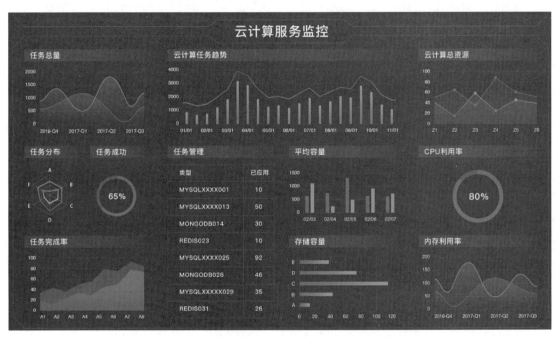

图 2-38　多视图示例（云计算服务监控系统）

2.6　数据可视化工具

目前已经有许多数据可视化工具，而且大部分都是免费的，可以满足用户的各种可视化需求。数据可视化工具大致分为入门级工具（Excel）、信息图表工具（D3、Visual.ly、Raphaël、Flot、Echarts、Tableau）、地图工具（Modest Maps、Leaflet、PolyMaps、Openlayers、Kartograph、Quanum GIS）和高级分析工具（Processing、NodeBox、R、Python、Weka 和 Gephi）等。

2.6.1　入门级工具

Excel 是微软公司的办公软件 Office 家族的系列软件之一，该软件通过工作簿存储数据，可以进行各种数据的处理、统计分析和辅助决策操作，已经被广泛地应用于管理、统计、金融等领域。Excel 是日常数据分析工作中最常用的工具，简单易用，用户通过简单的学习就可以轻松使用 Excel 提供的各种图表功能。尤其是在需要制作折线图、饼状图、柱状图、散点图等各种统计图表时，Excel 通常是普通用户的首选工具。Excel 2016 内置了 Power Query 插件、管理数据模型、预测工作表、Power Privot、Power View、Power Map 等数据查询分析工具。Excel 的缺点是在颜色、线条和样式上可选择的种类较为有限。

2.6.2　信息图表工具

信息图表是信息、数据、知识等的视觉化表达工具，它利用人脑对于图形信息相对于文字信息更容易理解的特点，能更高效、直观、清晰地传递信息，在计算机科学、数学以及统计学领域有着广泛的应用。

1. D3

D3.js 是最流行的可视化库之一，是一种数据操作类型的 JavaScript 库（也可视其为插件），用于创建数据可视化图形。D3（Data-Driven Document）可以处理数字、数组、字符串或对象，也可以处理 JSON 和 GeoJSON 数据。D3 最擅长处理矢量图形（SVG 图或 GeoJSON 数据），能够提供除线性图和条形图之外的大量的复杂图表样式。

D3 操作数据文档的步骤如下：

（1）把数据加载到浏览器的内存空间；

（2）把数据绑定到文档中的元素，根据需要创建新元素；

（3）解析每个元素的范围资料（bound datum）并为其设置相应的可视化属性，实现元素的变换（transforming）；

（4）响应用户输入实现元素状态的过渡（transitioning）。

学习 D3 的过程，就是学习它如何进行加载、绑定数据，变换和过渡元素的语法过程。

2. Flot

Flot 是一套用 JavaScript 编写的绘制图表用的函数库，专门用在网页上执行绘制图表功能。由于 Flot 是使用 jQuery 编写的，所以也称它为 jQuery Flot。它的特点是体积小、执行速度快、支持的图形种类多。除此之外，Flot 还有许多插件可供使用，用以补充 Flot 本身所没有的功能。

Flot 在开发上容易上手，用户只需写 20 行代码就可以绘制出一个简单的折线图。Flot 本身所提供的 API 文件很多，使用者也很多，在开发中碰到问题时只要到网络上搜索一下，几乎都可以找到解决的答案。目前 Flot 支持的图表类型有折线图、饼图、直条图、分区图、堆栈图等，也支持实时更新图表及 Ajax update 图表。

3. ECharts

ECharts 是一个免费的、功能强大的、可视化的库。用它可以非常简单地向软件产品中添加直观的、动态的和高度可定制化的图表。它是一个全新的基于 ZRender 的用纯 JavaScript 打造的 Canvas 库。ECharts 的特点如下。

（1）它有非常丰富的图表类型。ECharts 不仅提供常见的如折线图、柱状图、散点图、饼图、

K 线图等图表类型，还提供了用于地理数据可视化的地图、热力图、线图，用于关系数据可视化的关系图、树图，还有用于商业智能（Business Intelligence，BI）的漏斗图、仪表盘，并且支持图与图之间的混搭。

（2）支持多个坐标系。如支持直角坐标系、极坐标系、地理坐标系。图表可以跨坐标系存在，例如，可以将折线图、柱状图、散点图等放在直角坐标系上，也可以放在极坐标系上，甚至可以放在地理坐标系中。

（3）支持在移动端进行交互优化。例如，支持在移动端小屏上用手指在坐标系中进行缩放、平移等操作。在 PC 端也可以用鼠标在图中进行缩放（用鼠标滚轮）、平移等操作。因此，它对 PC 端和移动端的兼容性和适应性很好。

（4）深度的交互式数据探索。ECharts 提供了 legend、visualMap、dataZoom、tooltip 等组件，增加了图表附带的漫游、选取等操作，提供了数据筛选、视图缩放、展示细节等功能。

（5）支持大数据量的展现。ECharts 对大数据的处理能力非常好，借助 Canvas 的功能，可在散点图中轻松展现上万甚至十万的数据。

（6）支持多维数据以及视觉编码手段丰富。ECharts 3 除了具备平行坐标等常见的多维数据可视化工具外，还支持对传统的散点图等传入数据的多维化处理。配合视觉映射组件 visualMap 提供的丰富的视觉编码，可将不同维度的数据映射到颜色、大小、透明度、明暗度等不同的视觉通道。

（7）支持动态数据。ECharts 以数据为驱动，它会找到两组数据之间的差异，然后通过合适的动画去表现数据的变化，再配合 timeline 组件就能够在更高的时间维度上去表现数据的信息。

（8）特效绚丽。ECharts 针对线数据、点数据等地理数据的可视化提供了吸引观众眼球的特效，如模拟迁徙等。

4. Visual.ly

Visual.ly 是一款非常流行的信息图制作工具，非常实用。用户无须学习任何相关的设计知识，就可以用它来快速创建自定义的、样式美观且具有强烈视觉冲击力的信息图表。Visual.ly 的理念是抓住每个数据来源的特性，从而制作相对应的信息图模板，最终实现自动化制图的功能。目前 Visual.ly 限定数据来源，只能导入来自 Twitter、Facebook 的数据，而且需要与用户的账号关联。

5. Tableau

Tableau 是新一代商业智能工具软件，它将数据连接、运算、分析与图表结合在一起，各种数据容易操控，用户只需将大量数据拖放到数字"画布"上，就能快速地创建出各种图表。Tableau 的产品包括 Tableau Desktop、Tableau Server、Tableau Public、Tableau Online 和 Tableau Reader 等，其中又以 Tableau Desktop、Tableau Server、Tableau Reader 使用得最多。

Tableau Desktop 是一款桌面软件应用程序，分为个人版和专业版。Tableau Desktop 能连接许多数据源，如 Access、Excel、文本文件 DB2、MS SQL Server、Sybase 等，在获取数据源中的各类结构化数据后，Tableau Desktop 可以通过拖放式界面快速地生成各种美观的图表、坐标图、仪表盘与报告，并允许用户以自定义的方式设置视图、布局、形状、颜色等，从而通过各种视角来展现业务领域的数据及其内在关系。

Tableau Server 是一款企业智能化应用软件，该软件基于浏览器提供数据的分析和图表的生成等功能。通过 Web 浏览器的发布方式，Tableau Server 将 Tableau Desktop 中最新的交互式数据转换为可视化内容，使仪表盘、报告与工作簿的共享变得迅速、简便。使用者可以将 Tableau 视图嵌入其他 Web 应用程序中，灵活、方便地生成各类报告，同时，利用 Web 发布技术，Tableau Server 还支持 iOS 或 Android 移动应用端数据的交互、过滤、排序与自定义视图等功能。

Tableau Reader 是一款免费的应用软件，可用于打开 Tableau Desktop 所创建的报表、视图、仪表盘文件等。在分享 Tableau Desktop 数据分析结果的同时，Tableau Reader 可以进一步对工作簿中的数据进行过滤、筛选和检测。

2.6.3　地图工具

地图工具在数据可视化中较为常见，它在展现数据基于空间或地理分布上具有很强的表现力，可以直观地展现各分析指标的分布、区域等特征。当指标数据要表达的主题与地域有关联时，就可以选择以地图作为大背景，从而帮助用户更加直观地了解数据的整体情况，同时也可以根据地理位置快速地定位到某一地区来查看详细数据。

1. PolyMaps

PolyMaps 可同时使用位图和 SVG 矢量地图，为地图提供了多级缩放数据集，并且支持矢量数据的多种视觉表现形式。

2. Modest Maps

Modest Maps 是一个可扩展的交互式免费库，它提供了一套查看卫星地图的 API，是目前最小的地图库。Modest Maps 是一个开源项目，有强大的社区支持，是网站中整合地图应用的理想选择。Modest Maps 支持很多功能强大的扩展库。

3. Leaflet

Leaflet 是一个专门为移动设备开发的互动地图库，是一个开源的 JavaScript 库。Leaflet 设计坚持简便、高性能和可用性好的原则，可在所有主要桌面和移动平台高效运作，在浏览器上还可利用 HTML5 和 CSS3 的优势，同时也支持旧的浏览器访问，支持插件扩展，提供了友好且易于使用的 API 文档和简单可读的源代码。

4. OpenLayers

OpenLayers 是一个用于开发 WebGIS（网络地理信息系统）客户端的 JavaScript 包。OpenLayers 支持的地图来源包括 Google Maps、Yahoo Maps、Microsoft Virtual Earth 等，用户还可以用简单的图片地图作为背景图，与其他的图层在 OpenLayers 中进行叠加。

在操作方面，OpenLayers 除了可以在浏览器中帮助开发者实现地图浏览的基本效果（如放大、缩小、平移等）常用操作之外，还可以进行选取面、选取线、要素选择、图层叠加等不同的功能操作，甚至可以对已有的 OpenLayers 操作和数据支持类型进行扩充，赋予其更多的功能。

2.6.4　高级分析工具

1. Processing

Processing 是一门适合于设计师和数据艺术家的开源语言，它具有语法简单、操作便捷的特点。

Processing 开发环境（PDE）包括一个简单的文本编辑器、一个消息区、一个文本控制台、管理文件的标签、工具栏按钮和菜单。使用者可以在文本编辑器中编写自己的代码，这些程序称为草图（Sketch），然后单击"运行"按钮即可运行程序。在 Processing 中，程序设计默认采用 Java 语言，当然也可以采用其他的语言，如 Python 等。在数据可视化方面，Processing 不仅可以绘制二维图形（默认是二维图形），还可以绘制三维图形。除此之外，为了扩展其核心功能，Processing 还包含许多库和工具，支持播放声音、计算机视觉、三维几何造型等。

2. R

R 是属于 GNU 系统的一个免费、开源的软件，是一套完整的数据处理、计算和制图软件系统。其功能包括：数据存储和处理系统；数组运算工具（其向量、矩阵运算方面功能尤其强大）；完整连贯的统计分析工具；优秀的统计制图功能；简便而强大的编程语言：可操纵数据的输入和输出，可实现分支、循环，用户可自定义功能。

R 语言的使用，在很大程度上也是借助各种各样的 R 包的辅助，从某种程度上讲，R 包就是针对 R 的插件，不同的插件可满足不同的需求，如经济计量、财经分析、人文科学研究以及人工智能等。

3. Python

Python 是一种面向对象的解释型计算机程序设计语言，目前已成为最受欢迎的程序设计语言之一。Python 具有简单、易学、免费开源、可移植性好、可扩展性强等特点。在国内外用 Python 做科学计算的研究机构日益增多，一些知名大学已经采用 Python 来教授程序设计课程。众多开源的科学计算软件包都提供了 Python 的调用接口，例如，著名的计算机视觉库 OpenCV、三维可视化库 VTK、医学图像处理库 ITK。而 Python 专用的科学计算扩展库就更多了，例如，十分经典的科学计算扩展库：NumPy、Pandas、SciPy、Matplotlib、Pyecharts，它们为 Python 提供了快速数组处理、数值运算以及绘图功能。因此，Python 语言及其众多的扩展库所构成的开发环境十分适合工程技术和科研人员处理实验数据、制作图表，甚至是开发科学计算应用程序。

4. Gephi

Gephi 是网络分析领域的数据可视化处理软件。它是一款信息数据可视化利器，开发者对它的定位是"数据可视化领域的 Photoshop"。Gephi 可用作探索性数据分析、链接分析、社交网络分析、生物网络分析等。虽然它比较复杂，但可以生成非常吸引人们眼球的可视化图形。

习　题

2-1　简要说明格式塔原则。

2-2　简要画出数据可视化的流程。

2-3　简述数据可视化设计的基本原则。

2-4　比较并归纳出数据可视化中各基本图表的使用场合。

2-5　可视化工具有哪些类型？简要描述各自的代表性产品。

第二部分
数据分析

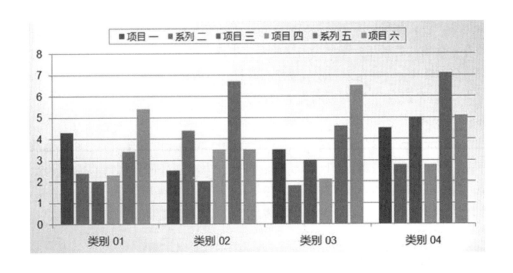

第3章
时间数据可视化

本章讲述时间数据在大数据中的应用及其图形表示方法，主要介绍连续型时间数据的处理，其中包括阶梯图、折线图、拟合曲线；以及离散时间数据的处理，其中包括散点图、柱形图、堆叠柱形图。

3.1　时间数据在大数据中的应用

时间是一个非常重要的维度与属性。时间序列数据存在于社会的各个领域，如临床诊断记录、金融和商业交易记录、天文观测数据、气象图像等。诊断记录包括病人每次看病的病情记录以及心电图等扫描仪器的数据记录等，金融和商业交易记录包括股市每天的交易价格及交易量、超市中每种商品的销售情况等。

不管是延续性还是暂时性的时间数据，可视化的最终目的就是从中发现趋势。看到什么已经成为过去，什么仍保持不变？找出它是在上升还是下降？造成这些变化的原因可能有什么？是否存在周期性的循环？要想找出这些变化中存在的模式，就必须超脱于单个数据点，纵观全局。只观察某个时间点上的数值固然很轻松，但只有在了解整个事件的来龙去脉之后，研究者才会对这些数据产生更深刻的理解和认识。对数据了解得越多，研究者所获取的信息就越全面。

如图 3-1 所示，就业率有增有减，如果只看 2001—2006 年的数据，而忽略其他数据的话，就不能看出它的完整变化趋势，会误以为就业率一直在增长，我们看到，2007—2009 年就业率有所下降。观察一幅图，不仅要了解全局，还要关注细节，重点观察有没有异常数据，哪个时段出现了剧烈下降或上升。如果有的话，弄清楚是什么原因引起的。当然这些也有可能是数据出现错误。

时间数据是按时间顺序排列的一系列数据值。与一般的定量数据不同，时间数据包含时间属性，不仅要表达数据随时间变化的规律，还需表达数据分布的时间规律。时间数据可以分为连续型时间数据和离散型时间数据两种。下面介绍连续型和离散型时间数据的可视化。

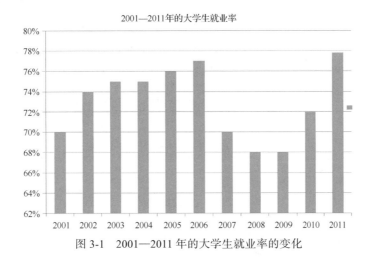

图 3-1　2001—2011 年的大学生就业率的变化

3.2　连续型时间数据可视化

连续型时间数据就是指任意两个时间点之间可以细分出无限多个数值，它表现的是不断变化的现象。例如，温度就是连续型时间数据，人们可以测量一天内的任意时刻的温度。股市实时行情也是一种连续型时间数据。这类的实例很多，那么，应该如何处理这些数据呢？答案是使用数据的可视化进行处理。下面讲述几个连续型时间数据的可视化图形示例。

3.2.1　阶梯图

阶梯图是曲线保持在同一个值，直到发生变化，直接跳跃到下一个值，其形状类似于阶梯。比如，银行的利率，它一般会持续几个月不变，然后某一天出现上调或下调；或者楼盘价格长时间停留在某个值，突然有一天因为各种调控，出现调整。对于这些类型的数据就可以使用阶梯图来展现，如图 3-2 所示。

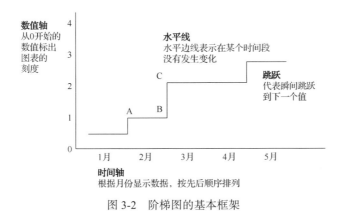

图 3-2　阶梯图的基本框架

从图中可以看出，A 点到 B 点保持在一个值，从 B 点到 C 点突然发生跳跃变成另一个值，这就是阶梯图的特征。

下面以用 Python 绘制阶梯图为例进行讲解。此处使用的是 pyecharts 模块，图 3-3 展示的就是最终的图表。它表现的是美国邮政投递信件的邮费变化。注意，图中的变化不是定期变化的。从图中可以看出在 1995—1998 年邮费没有发生变化，但是在 2006—2009 年则邮费每年涨一次。

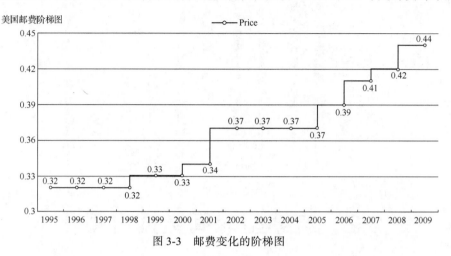

图 3-3　邮费变化的阶梯图

Python 实现代码如下：

```
from pyecharts import Line
line = Line("美国邮费阶梯图")
datax = [1995,1996,1997,1998,1999,2000,2001,2002,2003,2004,2005,2006,2007,2008,
2009]
datay = [0.32,0.32,0.32,0.32,0.33,0.33,0.34,0.37,0.37,0.37,0.37,0.39,0.41,0.42,
0.44]
line.add("Price",datax, datay, is_step = True,is_label_show = True,yaxis_min =
0.3,yaxis_max = 0.45)
line.render()
```

代码分析：事先准备数据，此处用两个列表存储数据，其中，datax 存储的是时间数据，datay 存储的是邮费数据，如果数据量大则可以用文件存储数据。然后用 pyecharts.Line 来绘制梯形图，另外，如果将 line.add() 函数中的 is_step 去掉，则呈现的图形就是一个折线图。有兴趣的读者可以试试，它的图表效果如图 3-4 所示。

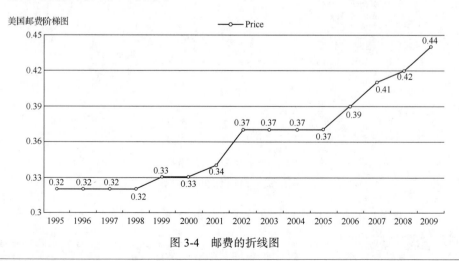

图 3-4　邮费的折线图

3.2.2　折线图

折线图是用直线段将各数据点连接起来而组成的图形，以折线方式显示数据的变化趋势。在折线图中，沿水平轴均匀分布的是时间，沿垂直轴均匀分布的是数值。折线图比较适用于表现趋势，常用于展现如人口增长趋势、书籍销售量、粉丝增长进度等时间数据。这种图表类型的基本框架如图 3-5 所示。

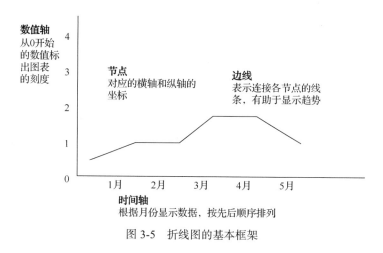

图 3-5　折线图的基本框架

从图 3-5 可以看出数据变化的整体趋势。注意，横轴长度会影响展现的曲线趋势，若图中的横轴过长，点与点之间分割的间距比较大，则会使得整个曲线非常夸张；若横轴过短，则用户又有可能看不出数据的变化趋势。所以合理地设置横轴的长度十分重要。

下面举例讲解在 Python 中绘制时间序列的折线图，此处使用了绘图库 matplotlib 模块。首先准备基础数据，world-population.csv 文件是一份每年世界人口的数据统计表（本书配套资料中已包含该数据源）。然后载入数据，画图，最终图表展示如图 3-6 所示。从图表中可以一目了然地看到人口呈现增长的趋势。

它的实现代码如下：

```
import csv
import matplotlib.pyplot as plt
filename = "world-population.csv"
datax = []
datay = []
with open(filename) as f:
    reader = csv.reader(f)
    for datarow in reader:
        if reader.line_num != 1:
            print(reader.line_num,datarow)
            datax.append(datarow[0])
            datay.append(datarow[1])
plt.plot(datax,datay)
plt.show()
```

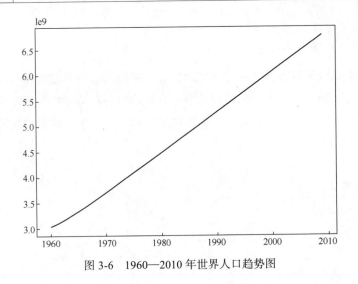

图 3-6　1960—2010 年世界人口趋势图

此处是将数据存储在一个 .csv 文件中，通过读取文件，将文件中的数据分别赋给两个列表，最后通过 plot() 函数来绘制图表。

3.2.3　拟合曲线

拟合曲线是根据给定的离散数据点绘制的曲线，又称为不规则曲线。在实际生活与工作中，变量间未必都呈线性关系。拟合曲线是指选择适当的曲线类型来拟合观测数据，并用拟合的曲线方程分析两个变量间的关系。拟合曲线方法是由给定的离散数据点，建立数据关系（数学模型），求出一系列微小的直线段，并把这些插值点连接成曲线，只要插值点的间隔选择得当，就可以形成一条光滑的曲线。若获取的数据很多，或者数据很杂乱，则可能很难甚至无法辨认出其中的发展趋势和模式。因此，为了模拟出趋势，就可以用到拟合估算。图 3-7 所示为拟合的基本框架。

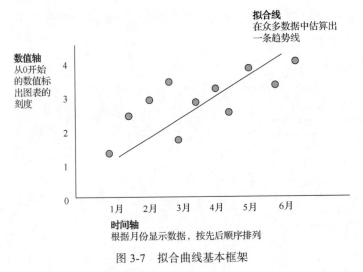

图 3-7　拟合曲线基本框架

上述图形是通过直线进行拟合的，若数据呈现的并不是直线的趋势，而是带有波峰、波谷的趋势时应如何处理？基于数据的非线性函数的线性模型是十分常见的，这种方法既可以像线性模型一样高效地运算，同时也使得模型可以适用于更为广泛的数据，多项式拟合就是这类算法中最为简单的一种。下面讲解在 Python 中如何利用多项式拟合来处理数据。图 3-8 所示为美国过去几十年的失业率的数据统计。

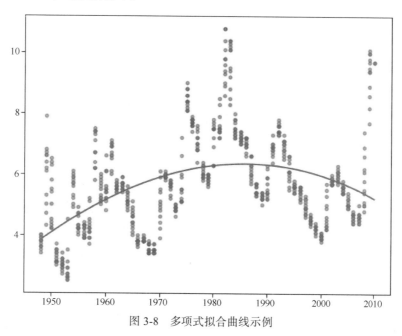

图 3-8　多项式拟合曲线示例

unemployment-rate-1948-2010.csv 文件是一份包含 1948—2010 年每一年每个月的失业率的数据统计表（本书配套资料中已包含该数据源），如图 3-8 所示，通过一条曲线拟合出了这些年失业率的变化趋势。实现代码如下：

```
import numpy as np
import matplotlib.pyplot as plt
import csv
import sys
filename = "unemployment-rate-1948-2010.csv"
xa = []
ya = []
try:
    with open(filename) as f:
        reader = csv.reader(f)
        for datarow in reader:
            if reader.line_num != 1:
                ya.append(float(datarow[3]))
                xa.append(int(datarow[1]))
except csv.Error:
    print("Error reading csv file")
    sys.exit(-1)
plt.figure()
plt.scatter(xa[:], ya[:], s=10,c='g',marker='o',alpha=0.5)
poly = np.polyfit(xa, ya, deg = 3)
plt.plot(xa, np.polyval(poly, xa))
plt.show()
```

3.3　离散型时间数据可视化

离散型时间数据又称不连续性时间数据，这类数据在任何两个时间点之间的个数是有限的。在离散型时间数据中，数据来自于某个具体的时间点或者时段，可能的数值也是有限的。比如，奥运会奖牌的总数或者是各个国家金牌数就是离散数据，各资格考试每年的通过率也是离散型数据。类似的生活实例有很多，下面将介绍如何对这些离散型时间数据进行可视化处理。

3.3.1　散点图

散点图，顾名思义就是由一些散乱的点组成的图，各值由点在图中的位置表示。在散点图中，水平轴表示时间，数值则表示在垂直轴上。散点图用位置作为视觉线索。如果将图区域视作一个盘子，那么，这些散点就是"大珠小珠落玉盘"，有如一颗颗星星，分布在广袤的天空。一般地，散点图包含的数据越多，呈现的效果就越好。图 3-9 所示为散点图的基本框架。

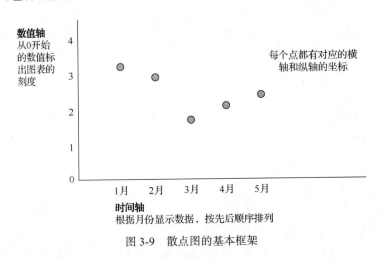

图 3-9　散点图的基本框架

图 3-9 这类图形就是散点图，它能直观地表现出影响因素和预测对象之间的总体关系趋势。它的优点是能通过直观醒目的图形方式反映变量间关系的变化形态，以便研究者决定用何种数学表达方式来模拟变量之间的关系。图 3-10 所示为某微信公众号于 2017 年 1 月绘制的订阅者数量的散点图（本书配套资料中已包含 subscribers.csv 数据源）。

从图 3-10 可以看出，这个散点图呈现的是上升的趋势，但是在 1 月的中旬出现了突然下降，这就有可能是数据报告出现了错误。Python 代码实现如下：

```
import csv
import matplotlib.pyplot as plt

filename = "subscribers.csv"
datay = []
with open(filename) as f:
    reader = csv.reader(f)
```

```
    for datarow in reader:
        if reader.line_num != 1:
            datay.append(datarow[1])

xa= list(range(1,len(datay)+1))
plt.scatter(xa,datay,s=50,c='r',marker='o',alpha=0.5)
plt.show()
```

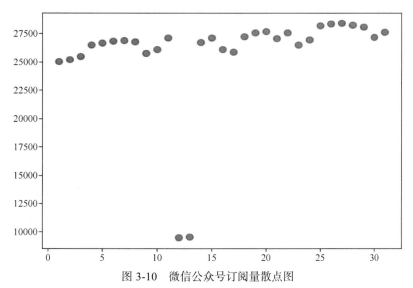

图 3-10　微信公众号订阅量散点图

3.3.2　柱形图

柱形图又称条形图、直方图，是以高度或长度的差异来显示统计指标数值的一种图形。柱形图简明、醒目，是一种常用的统计图形，图 3-11 所示为其基本框架。

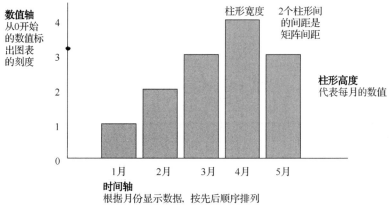

图 3-11　柱形图的基本框架

柱形图一般用于显示一段时间内的数据变化或显示各项之间的比较情况。另外，数值的体现就是柱形的高度。柱形越矮则数值越小，柱形越高则数值越大。另外需要注意的是，柱形的宽度与相邻柱形间的间距决定了整个柱形图的视觉效果的美观程度。如果柱形的宽度小于间距，则会使读者的注意力集中在空白处而忽略了数据。所以合理地选择宽度很重要。下面用一个简单的例子说明如何在 Python 中创建柱形图。图 3-12 所示为 1980—2010 年 30 年间美国热狗大胃王的比赛结果（本书配套资料中已包含 hot-dog-contest-winners.csv 数据源）。

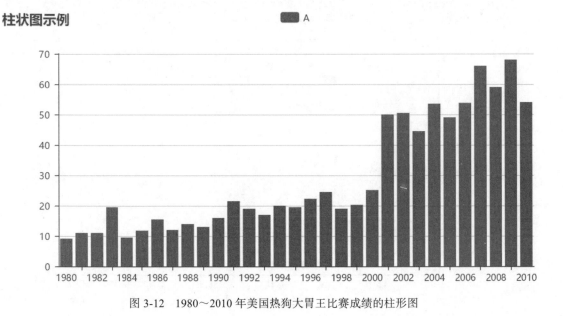

图 3-12　1980～2010 年美国热狗大胃王比赛成绩的柱形图

从图 3-12 可以看出，获胜者从最初的 10 个左右增加到后面的 60 个左右，可以看出总体的趋势是增长的，具体的 Python 程序如下：

```
from pyecharts import Bar, Scatter3D
from pyecharts import Page
import csv
page = Page()

bar = Bar("柱状图示例")
filename = "hot-dog-contest-winners.csv"
datax = []
datay = []
with open(filename) as f:
    reader = csv.reader(f)
    for datarow in reader:
        if reader.line_num != 1:
            datay.append(datarow[2])
            datax.append(datarow[0])
bar.add("A", datax, datay, is_stack=True)
page.add(bar)
page.render()
```

3.3.3　堆叠柱形图

堆叠柱形图的几何形状与常规柱形图很相似，在柱形图中，数据值为并行排列，而堆叠柱形图则是一个个叠加起来的。其特点是，若数据存在子分类，并且这些子分类相加有意义的话，则可以使用堆叠柱形图来表示。图 3-13 所示为其基本框架。

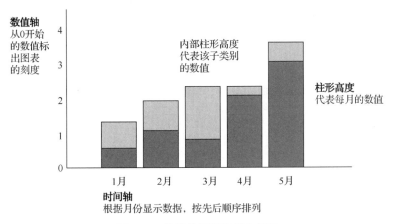

图 3-13　堆叠柱形图的基本框架

堆叠柱形图也是一个使用频繁的图表类型，此处使用 Python 举例实现。先载入源数据 hot-dog-places.csv（本书配套资料中已包含该数据源），然后绘图，图表如图 3-14 所示。

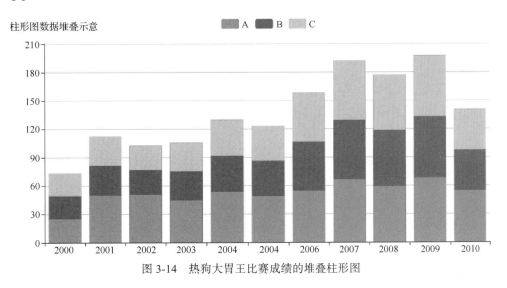

图 3-14　热狗大胃王比赛成绩的堆叠柱形图

源数据是一个热狗大胃王的比赛成绩，这里不仅仅关注冠军的数据，而且还关注了第二、三名的选手数据。所以每一个柱形就包含三个子柱形，每个子柱形就表示前三名的其中一名选手的数据。Python 的实现代码如下：

```
from pyecharts import Bar, Scatter3D
from pyecharts import Page
import csv
page = Page()
bar = Bar("柱形图数据堆叠示例")
filename = "hot-dog-places.csv"
datax = []
```

```
datay = []
with open(filename) as f:
    reader = csv.reader(f)
    for datarow in reader:
        datax.append(datarow)
x= datax[0]
y1=datax[1]
y2=datax[2]
y3=datax[3]
bar.add("A", x, y1, is_stack=True)
bar.add("B", x, y2, is_stack=True)
bar.add("c", x, y2, is_stack=True)
page.add(bar)
page.render()
```

习　　题

3-1　举三个以上的实例说明时间数据的现实应用。

3-2　什么是连续型时间数据和离散型时间数据?

3-3　柱形图与折线图都可以反映数据随时间的变化,那么这两者有何区别?

第4章
比例数据可视化

时间序列数据是在不同时间点上收集到的数据，这类数据反映了某一事物、现象等随时间的变化状态或程度，它是根据时间进行分组的。

同样地，在比例数据中也有分组依据，比例数据是根据类别、子类别或群体来进行划分的。本章将讨论如何展现比例数据各个类别之间的占比情况，或者类别之间的关联关系。

4.1 比例数据在大数据中的应用

对于比例数据，我们通常想要得到最大值、最小值和总体分布。前两者比较简单，将数据由小到大进行排列，位于两端的分别就是最小值和最大值。例如，投票选举结果的最小值和最大值，分别就代表了得票最少和得票最多的被选举人；如果你绘制了食物各部分的卡路里含量图，那么它们就分别对应了卡路里含量最少和最多的部分。

其实，研究者真正感兴趣的应该是比例的分布及其相互关系等。如脂肪、蛋白质、碳水化合物都含有同样多的卡路里吗？是不是存在某一种成分的卡路里含量占绝大多数？本章涉及的图表类型将会为读者解答类似的问题。

4.2 整体与部分

整体与部分是比例的基本呈现形式。这一类可视化图形既可以呈现各个部分与其他部分的相对关系，还可以呈现整体的构成情况。

4.2.1 饼图

饼图采用了饼干的隐喻，用环状方式呈现各分量在整体中的比例。饼图是十分常见的，常用于统计学模型。

饼图的原理也很简单。如图 4-1 所示，首先一个圆代表了整体，然后把它们切成楔形，每一个楔形都代表整体中的一部分。所有楔形所占百分比的总和应为100%。

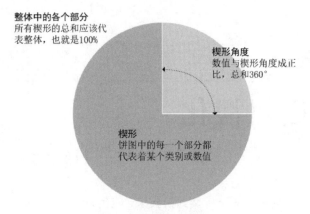

图 4-1　饼图的基本框架

虽然饼图不太适合表示精确的数据，但是饼图可以呈现各部分在整体中的比例，能够体现部分与整体之间的关系。如果我们抓住饼图的这一优点，合理地组织数据，仍会获得较好的数据可视化的效果。

几乎所有带有图表工具的软件都可以绘制饼图，这里我们使用 pyecharts 库中的 Pie()函数来完成饼图的绘制。

以下是某可视化网站的用户对感兴趣的领域的投票结果。网站列出了一系列与数据可视化相关的领域，并要求用户从中选择最感兴趣的选项。最终收到了812票，如表4-1所示。

表 4-1　　　　　　　　　　　投票结果表

感兴趣的领域	票数
金融	172
医疗保健	136
市场业	135
零售业	101
制造业	80
司法	68
工程与科学	50
保险业	29
其他	41

在进行图形绘制之前，需要将数据输入 CSV 文件。首先，我们将上表的数据录入到 Excel 表中，数据录入完毕之后选择另存为.csv 格式，并将表名更改为"vote_result.csv"（本书配套资料中已包含该数据源），就成功生成了数据文件。

然后，将"感兴趣的领域"和"票数"这两列数据传给 add()函数第 2 个参数和第 3 个参数，分别是属性名称和属性所对应的值。具体代码如下（本书配套资料中已包含该代码）：

```
from pyecharts import Pie
import pandas as pd
vote_result = pd.read_csv('../data/vote_result.csv')
pie = Pie("饼图示例")
pie.add("", vote_result['Areas_of_interest'], vote_result['Votes'], is_label_
show=True)
pie.render('../results/1.饼图.html')
```

最后，运行程序，用浏览器打开新生成的文件"1.饼图.html"，如图 4-2 所示。

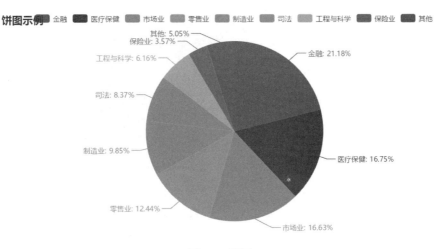

图 4-2 饼图

图 4-2 中有一个问题，图片的标题"饼图示例"与图例中的"金融"重合，这样的问题显然需要修复，修复的方法有很多种，下面介绍两种。

（1）去掉图例。图 4-2 中最上方的一排标签就是图例，图例可支持用户对各个部分进行筛选显示。如果希望显示所有部分，不对各个部分做任何筛选操作，可以去掉图例。在代码中的 add()函数添加参数 is_legend_show=False，即可去掉图例，如图 4-3 所示。

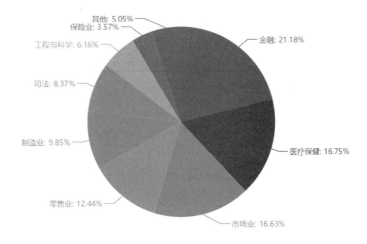

图 4-3 去掉图例的饼图

（2）把图例移动到左边垂直显示，同时将标题移动到图片正中间显示，如图 4-4 所示。修改的代码如下：

```
pie = Pie("饼图示例", title_pos='center')
pie.add("",vote_result['Areas_of_interest'],vote_result['Votes'],legend_orient=
"vertical",legend_pos="left",is_label_show=True)
```

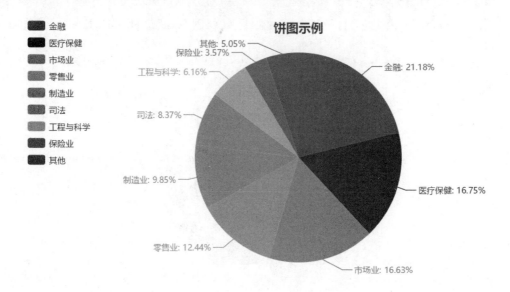

图 4-4　图例左边垂直显示的饼图

如果把 add() 函数中的参数设置为 is_label_show=False，则表示不显示饼图的各个部分的标签，如图 4-5 所示。将鼠标滑动到一个子扇形上，就会动态地显示该子类别的标签和占比情况。

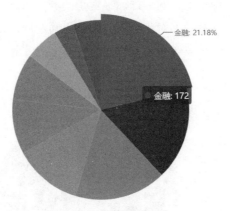

图 4-5　不显示标签饼图

在图 4-4 中，单击任意一个图例，用户即可交互地选择是否显示该部分。以上饼图包含 9 块大小不一样的扇形，分别对应 9 个部分，如果单击图例中的"金融"和"医疗保健"，这两个部分即可不显示在饼图中，如图 4-6 所示，饼图只包含 7 块扇形，不包含"金融"和"医疗保健"。

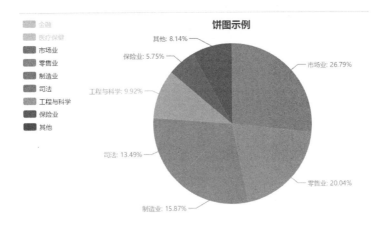

图 4-6　选择显示部分内容的饼图

以上的图片如果只用来方便自己分析，不公开发表，就无须再加工了。但如果要把该图片提供给他人使用，就需要让其更具有可读性。

如果不提供任何上下文背景地查看图 4-6，显然，没有人能够理解这幅图所表达的意思，所以必须在图片中添加标题和副标题，以便他人可以更加清楚地理解图片所要表达的含义。

修改代码如下，在 Pie()函数中添加标题和副标题。由于副标题会覆盖图片内容，故需要将饼图的中心向右移动，饼图的中心默认位置为[50,50]，在 add()函数中添加 center=[60,60]，将饼图的中心位置移动到[60,60]，然后把图例移动到右边显示。图 4-7 所示为最终的饼图。

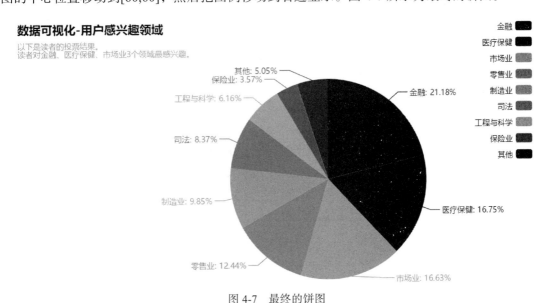

图 4-7　最终的饼图

```
pie = Pie("数据可视化-用户感兴趣领域",
        "以下是读者的投票结果。\n"
        "读者对金融、医疗保健、市场业 3 个领域最感兴趣。",title_pos='left')
pie.add("", vote_result['Areas_of_interest'], vote_result['Votes'], center=[60,60],
legend_orient="vertical",legend_pos="right",is_label_show=True)
```

4.2.2　环形图

环形图也称面包圈图，与饼图非常相似，只是环形图中间有一个洞，看起来像一个面包圈，如图 4-8 所示。

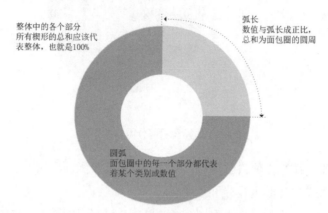

图 4-8　面包圈图的基本框架

因为环形图中间有一个洞，所以我们就不能再通过角度来衡量各部分比例的大小了。但是，我们可以通过各个弧形的长度来衡量。如果在一个环形图中包含过多类别，可能会使图表显得比较杂乱；但如果类别较少的话，环形图还是十分实用的。

创建环形图很简单，其实就是在创建一个饼图的基础上再创建一个实心圆。在以上代码的 add()函数中添加参数 radius=[30, 75]，radius 为饼图的半径，数组的第一项是内半径，第二项是外半径，默认的 radius 为 [0, 75]，如图 4-9 所示。

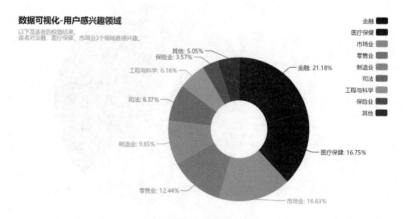

图 4-9　环形图

代码修改如下：

```
pie.add("",vote_result['Areas_of_interest'],vote_result['Votes'],
center=[60,60],legend_orient="vertical",radius=[30,75],legend_pos="right",is_lab
el_show=True)
```

环形图中心是一个空白的圆，用户可在中心空白处添加文字说明图形的含义，这是环形图与饼图的最大区别。

4.2.3　比例中的堆叠

柱形图可以呈现不同类别的数据，堆叠柱形图则可以呈现比例数据。如图 4-10 所示，通过堆叠柱形图来呈现比例数据。

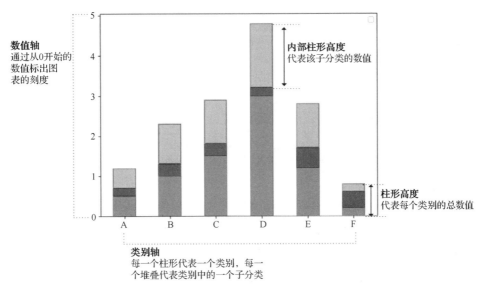

图 4-10　比例堆叠柱形图

盖洛普公司曾做了一次奥巴马支持率的民意调查，所有参与者选择是否支持奥巴马的13 项政治举措。

表 4-2 是投票结果的数据表。

表 4-2　　　　　　　　　　　　　　　　投票结果表

政治举措	支持	反对	不发表意见
种族问题	52	38	10
教育	49	40	11
恐怖活动	48	45	7
能源政策	47	42	11
外交事务	44	48	8
环境	43	51	6
宗教政策	41	53	6
税收	41	54	5
医疗保健政策	40	57	3
经济	38	59	3
就业政策	36	57	7
贸易政策	31	64	5
外来移民	29	62	9

下面根据表中的数据来绘制投票结果的堆叠柱形图，首先将数据制作成 CSV 文件 presidential_approval_rate.csv（本书配套资料中已包含该数据源），然后利用 pyecharts 库中的 Bar()函数绘制柱形图。每个问题都有三种结果，就要绘制三个柱形图并进行叠加，形成堆叠柱形图。

具体代码如下：

```
from pyecharts import Bar
import pandas as pd
pre_approval_rate = pd.read_csv('../data/presidential_approval_rate.csv')
bar = Bar("柱状图数据堆叠示例")
bar.add("支持", pre_approval_rate['political_issue'], pre_approval_rate['support'],
is_stack=True)
bar.add("反对", pre_approval_rate['political_issue'], pre_approval_rate['oppose'],
is_stack=True)
bar.add("不发表意见", pre_approval_rate['political_issue'], pre_approval_rate['no_
opinion'],xaxis_rotate=30, is_stack=True)
bar.render('../results/3.堆叠柱形图.html'))
```

在 add()函数中添加参数 is_stack=True，表示将所有 is_stack 为 True 的值堆叠显示，is_stack 的默认值为 False，默认不堆叠显示。

水平轴坐标的标签名称因过长而无法全部显示出来，可以采用标签旋转的方式显示所有标签，在 add()函数中添加参数 xaxis_rotate=30。

如图 4-11 所示，堆叠柱形图清晰地展示了投票人对每个问题的支持和反对的情况以及弃权的票数。

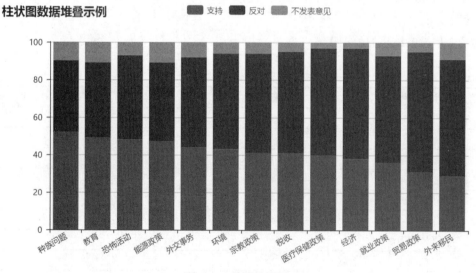

图 4-11　堆叠柱形图

如果要查看投票人对奥巴马投票的总体支持和反对情况，可将水平轴变换为"支持""反对"和"不发表意见"3 个参数，垂直轴设置为 13 个问题的投票数，如图 4-12 所示。代码如下：

```
from pyecharts import Bar
```

```
import pandas as pd
pre_approval_rate = pd.read_csv('../data/presidential_approval_rate.csv')
bar = Bar("柱状图数据堆叠示例",title_pos='center')
list_support = ['支持','反对','不发表意见']
for i in range(pre_approval_rate.iloc[:,0].size):
    issue = pre_approval_rate.loc[i,'political_issue']
    bar.add(issue,  list_support,  pre_approval_rate.loc[i,['support','oppose',
'no_opinion']], legend_orient="vertical",legend_pos="right",is_stack=True)
bar.render('../results/3.2 堆叠柱形图.html')
```

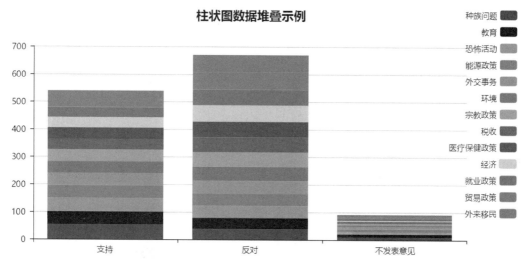

图 4-12　投票总体支持与反对情况

将 add() 函数中 is_stack 设置为 False，不进行堆叠，可查看每个问题的支持与反对情况，如图 4-13 所示。

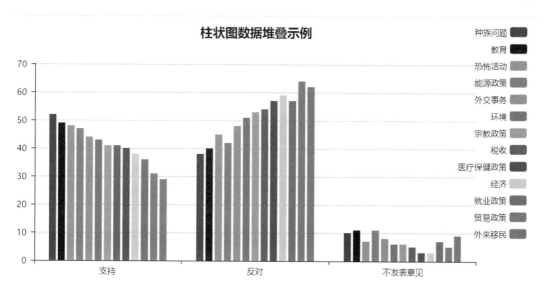

图 4-13　每个问题的支持与反对情况

4.2.4　矩形树图

如图 4-14 所示，树图主要用来对树形数据进行可视化，是一种特殊的层次类型，具有唯一的根节点、左子树和右子树。

树图示例

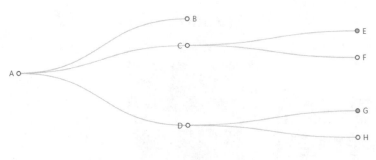

图 4-14　树图示例

如图 4-15 所示，矩形树图是一种基于面积的可视化方式。外部矩形代表父类别，内部矩形代表子类别。矩形树图可以呈现树状结构的数据比例关系。

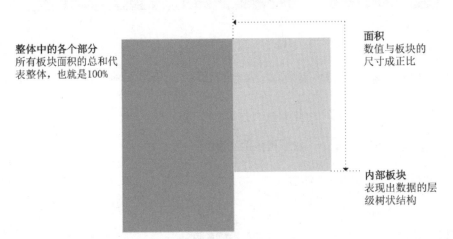

整体中的各个部分
所有板块面积的总和代表整体，也就是100%

面积
数值与板块的尺寸成正比

内部板块
表现出数据的层级树状结构

图 4-15　矩形树图的基本框架

1.　树图

数据源 GDP_data.json 文件（本书配套资料中已包含该数据源）是国际货币基金组织（IMF）公布的 2017 年全球各国 GDP 占全球生产总值的比例，下面用 pyecharts 库的 Tree() 函数进行可视化展示。用树图只能展示各个国家的层级关系，无法展现每个国家的 GDP 占比，如图 4-16 所示，具体代码如下：

```
import os
import json
import codecs
```

```
from pyecharts import Tree
with codecs.open(os.path.join("../data", "GDP_data.json"), "r", encoding="utf-8")
as f:
    j = json.load(f)
data = [j]
tree = Tree(width=1200, height=800)
tree.add("", data) #, tree_collapse_interval=2
tree.render('../results/4.1树图.html')
```

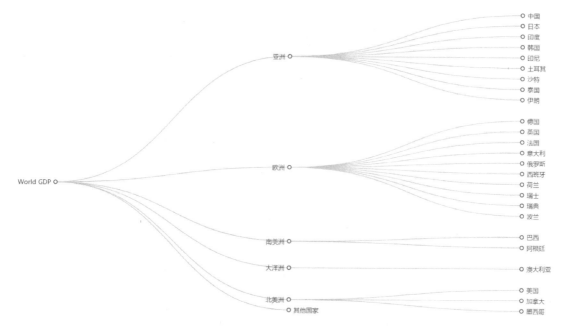

图 4-16　树图展示层级关系

2. 矩形树图

矩形树图既可以展示层级关系，又可以通过矩形面积的大小呈现各个类别之间的比例关系。如图 4-17 所示，代码如下：

```
import os
import json
from pyecharts import TreeMap
with open(os.path.join("..", "data", "GDP_data_1.json"), "r", encoding="utf-8")
as f:
        data = json.load(f)
treemap = TreeMap("矩形树图示例", width=1200, height=600)
treemap.add("演示数据", data, is_label_show=True, label_pos='inside')
treemap.render('../results/5.1矩形树图.html')
```

在 add()函数中添加参数 treemap_left_depth 表示展示几层，层次更深的节点会被隐藏起来。当 treemap_left_depth=1 时，如图 4-18 所示，只展示一层的数据。图中有的矩形的标签前面包含三角符号，表示包含子层级，点击矩形，即可展示子层级，如图 4-19 所示。

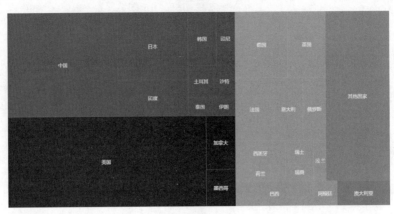

图 4-17　矩形树图示例

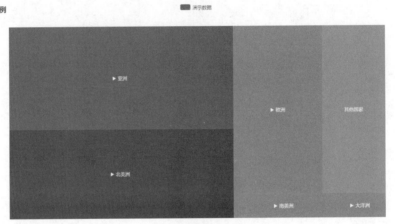

图 4-18　矩形树图展示一层数据

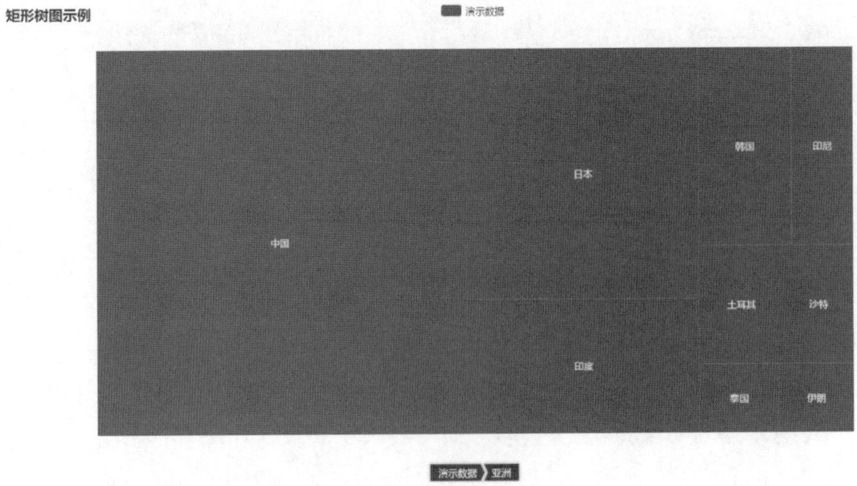

图 4-19　矩形树图的子层级

4.3　时空比例

现在数据中往往都会有时间这一属性，所以我们经常会遇到带时间属性的比例数据。例如，每个月对民生问题进行一次民意调查，我们不仅会关心每一次的调查结果，也会关心随着时间的推移调查结果的变化情况，如同月份不同年份的调查结果。

假设存在多个时间序列图表，现在将它们从下往上堆叠，填满空白的区域。最终得到一个堆叠面积图，水平轴表示时间，垂直轴的数值范围为 0～100%，如图 4-20 所示。

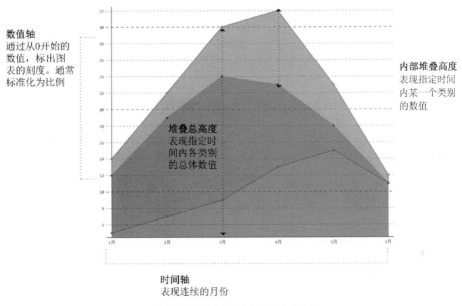

图 4-20　堆叠面积图的基本框架

当然，各种比例分配都会随着时间的变化而变化。在下面绘制堆叠面积图的例子中，我们要呈现 1860—2005 年间美国人年龄结构的分布变化。随着生活水平的提高和家庭平均人口的减少，整体的人口寿命与之前一代相比已经有了显著的提高。

数据源 us_population_by_age.csv（本书配套资料中已包含该数据源）包含美国 1860—2005 年间人口老龄化的变化情况。随着时代的发展，医药和卫生保健都有了极大改善，人口的平均寿命持续提高，带来的结果就是，中老年年龄段的人口比例出现了显著上升。这些年里年龄分布到底发生了多大的变化？通过对美国人口调查局的数据绘制堆叠面积图就可以得到以上问题的答案。在图中，读者会看到中老年年龄段的人口是如何增长，低年龄组的人口又是如何降低的。

使用 pyecharts 库中的 Line() 函数可以完成堆叠面积图的绘制（见图 4-21），代码如下：

```
from pyecharts import Line
import pandas as pd
```

```
year_population_age = pd.read_csv('../data/us_population_by_age.csv')
# 面积折线图
line3 =Line("人口老龄化")
line3.add("5 岁以下",
        year_population_age['year'],
        year_population_age['year_under5'],
        is_fill=True,
        area_color='red',
        line_opacity=0.2,
        area_opacity=0.4,
        #symbol=None,
        mark_point=['max'],
        is_stack=True)
line3.add("5 至 19 岁",
        year_population_age['year'],
        year_population_age['year5_19'],
        is_fill=True,
        #area_color='#a3aed5',
        area_color='blue',
        area_opacity=0.3,
        is_smooth=True,
        is_stack = True)
line3.add("20 至 44 岁",
        year_population_age['year'],
        year_population_age['year20_44'],
        is_fill=True,
        #area_color='#a3aed5',
        area_color='green',
        area_opacity=0.3,
        is_smooth=True,
        is_stack = True)
line3.add("45 至 64 岁",
        year_population_age['year'],
        year_population_age['year45_64'],
        is_fill=True,
        #area_color='#a3aed5',
        area_color='yellow',
        area_opacity=0.3,
        is_smooth=True,
        is_stack = True)
line3.add("65 岁以上",
        year_population_age['year'],
        year_population_age['year65above'],
        is_fill=True,
        #area_color='#a3aed5',
        area_color='orange',
        area_opacity=0.3,
        is_smooth=True,
        xaxis_rotate = 30,
        legend_orient="vertical",
        legend_pos="right",
        is_stack = True)
line3.render(path='../results/6.面积折线图.html')
```

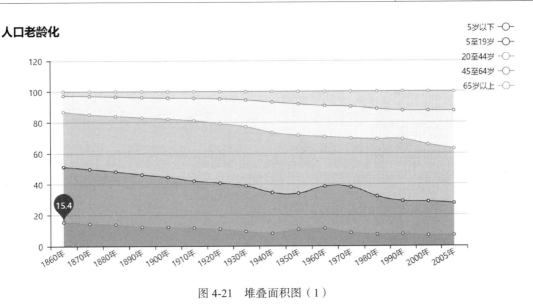

图 4-21 堆叠面积图（1）

图 4-21 所示的堆叠面积图虽然可以表现出老年人口比例在增长，但是增长趋势并不明显，需要调整画布的长宽比例以突显老年人口比例的增长，在 Line()函数中增加 width=500 和 height=500，修改代码如下：

```
line3 =Line("人口老龄化",width=500, height=500)
```

执行代码后，重新生成的图形如图 4-22 所示，图中 45 至 64 岁、65 岁以上的人口比例的增长趋势较上图更加明显。

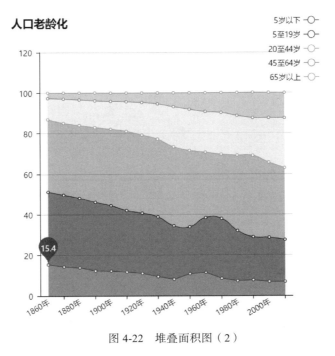

图 4-22 堆叠面积图（2）

从图 4-22，我们可以看到每个年龄段每年的人口数目变化情况，以及每个数据点所属类别、所在年代和具体的数据值。我们发现，随着年代的增长，老龄人口呈增长趋势，而新生人口呈下降趋势。

堆叠面积图能够很好地呈现比例数据随着时间的变化情况。我们不仅可以看到整体的变化趋势，也可以看到其中每一类的变化情况。

习　　题

4-1　比例数据可应用在哪些场合？

4-2　比例数据可视化的形式有哪些？

4-3　堆叠面积图的优点有哪些？

第5章
关系数据可视化

在本章，我们将讲述关系数据在大数据中的应用及其图形表示方法，主要介绍数据关联性的处理（包括散点图、散点矩阵图、气泡图）与数据分布性的处理（包括茎叶图、直方图、密度图）。

5.1 关系数据在大数据中的应用

在前面的章节中，我们已经了解了时间数据与比例数据在大数据里的应用和相关的可视化处理方法，本章我们将研究变量间的关系。一般地，人们解决问题都致力于寻找事物背后的原因。现在要做的是尝试去探索事物的相关关系，而不再关注难以捉摸的因果关系。这种相关关系往往不能告诉人们事物为何产生，但是会提醒人们事物正在发生。比如，只要知道什么时候是买机票的最佳时机，那么，机票价格为什么变化就无关紧要了。大数据可视化会告诉读者分析结果是"什么"，而不是"为什么"。

分析数据时，我们不仅可以从整体进行观察，还可以关注数据的分布，如数据间是否存在重叠或者是否毫不相干？还可以从更宽泛的角度观察各个分布数据的相关关系。其实最重要的一点，就是数据在进行可视化处理后，呈现在读者眼前的图表所表达的意义是什么。

关系数据具有关联性和分布性。下面通过实例具体讲解关系数据，以及如何观察数据间的相关关系。

5.2 数据的关联性

说到数据的关系，读者首先想到的可能是因果关系，其次才是关联性。那么，它们之间确实有关系吗？比如，提升了汽油的价格，食用油的价格会随之增长吗？同样地，如果食用油价格增长了，汽油的价格会随之增长吗？其实，解释外在的、复杂的一些因素无疑是十分费力的事情。但是事物的关联性是很容易发现的，同样也具有很大的价值。

数据的关联性，其核心就是指量化的两个数据间的数理关系。关联性强，是指当一个数值变化时，另一个数值也会随之相应地发生变化。相反地，关联性弱，就是指当一个数值变化时，另一个数值几乎没有发生变化。通过数据关联性，就可以根据一个已知的数值变化来预测另一个数值的变化。下面通过散点图、散点图矩阵、气泡图来研究这类关系。

5.2.1 散点图

在第 3 章，我们已经讲述了在时间数据中用散点图来表示以时间为横轴的数据变化，这种图形显示了时间与另一个数值变量之间的关系。其实，散点图不仅可以用于表示时间数据，还可以用于表示两个变量之间的关系。这两者的区别在于横轴不是时间而是另一个变量的数值。我们可以用图表推断出变量间的相关性。如果变量之间不存在相互关系，那么，在散点图上就会表现为随机分布的离散的点；如果变量之间存在某种相关性，那么大部分的数据点就会相对密集并呈现出某种趋势。图 5-1 所示的三个图分别表示各圆点为正相关、负相关或不相关关系。

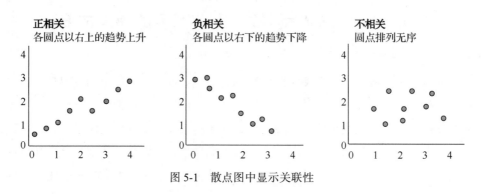

图 5-1　散点图中显示关联性

从图 5-1 可以看出，正相关的两个变量变动趋势相同，一个变量由大到小或由小到大变化时，另一个变量亦随之由大到小或由小到大变化。比如，身高与体重，一般来说，身高越高，体重就越重。反之，负相关的两个变量的变化方向相反，也可理解成事态发展的对立关系。通俗地讲，负相关就是两个变量，其中一个变大时，另一个就变小；一个变小时，另一个就变大。比如，高原含氧量与海拔高度就是负相关的关系。而不相关就是点的排列错乱无序。

关联性关系可以帮助我们很好地分析现在和预测未来。本例分析 2005 年美国各州的犯罪率，即美国人口统计局公布的每 10 万人中谋杀、抢劫和故意伤害等罪案的发生率（数据可从相关网站上下载）。本实例主要分析其中的两种：入室盗窃和谋杀，研究这两者之间是否存在某种联系？是否人口越多犯罪率越高？前面的章节中使用 matplotlib 和 pyecharts 这两个模块进行图表展示，这里介绍新的绘图模块 ggplot。ggplot 类似于 R 语言中的 ggplot2。本例的 Python 代码如下，它呈现的图表如图 5-2 所示。

```
import ggplot as gp
import pandas as pd
```

```
import numpy as np
crime=pd.read_csv("crimeRatesByState2005.csv")
print(gp.ggplot(gp.aes(x='murder',y='burglary'),data=crime)+gp.geom_point(color='red
'))
```

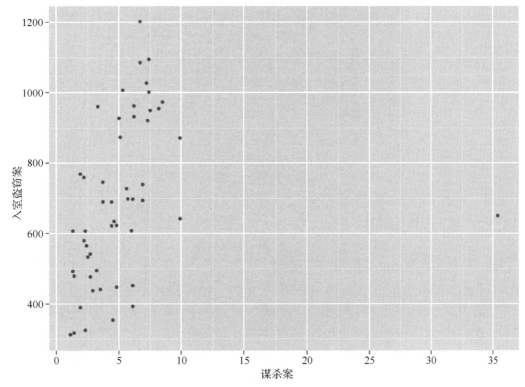

图 5-2　谋杀案和入室盗窃案的关联性散点图

在图 5-2 中，一个数据点代表一个地区，可以看出，各个地区的谋杀案（murder）和入室盗窃案（burglary）两组数据似乎呈现一个正相关的关系。但是可以看到有一个数据点在图表的最右侧，离群很远，使得横轴延伸得很长，整体数据布局不是很清晰，为了更好地呈现数据之间的关系，可以过滤掉一些异常的数据点。这里去除全美平均值和华盛顿特区两个数据点，去除数据点的代码如下：

```
crime2 = crime[crime.state != "United States"]
crime2 = crime2[crime2.state != "District of Columbia"]
```

再次绘制得到的图表如图 5-3 所示。

```
print(gp.ggplot(gp.aes(x='murder',y='burglary'),data=crime2)+gp.geom_point()+gp.
stat_smooth(method='loess',color='red'))
```

从图 5-3 中可以看出，各个地区的谋杀案（murder）和入室盗窃案（burglary）两组数据之间基本呈现的是正相关关系，这里加入了一条拟合曲线让这个相关关系更加直观，读者可以更加明确地看出谋杀案和入室盗窃案之间的关系。代码中的 stat_smooth()函数就是为散点图绘制了一条拟合曲线，这里用的是 LOESS 拟合方法。

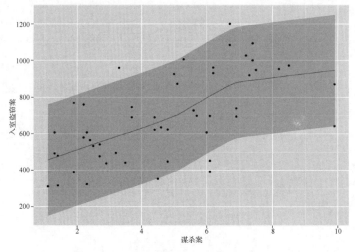

图 5-3　运用散点图和拟合曲线来估算关系

5.2.2　散点图矩阵

前面讲解的散点图，是用两组数据构成多个坐标点，再通过观察坐标点的分布，判断两个变量之间是否存在某种关联，或总结坐标点的分布模式。但很多时候变量不止两个，因此，应当同时考察多个（超过两个）变量间的相互关系，但是若一一绘制它们之间的简单散点图，十分繁琐。此时就可以利用散点图矩阵来同时绘制多个变量间的散点图，这样就可以快速发现哪些变量之间的相关性更高。这种方法在数据探索阶段十分有用，其基本框架如图 5-4 所示。

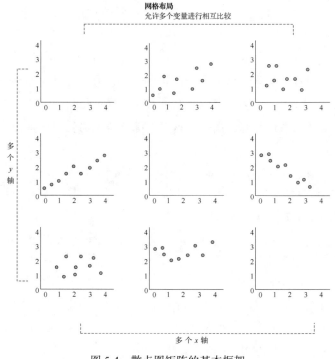

图 5-4　散点图矩阵的基本框架

　　从图 5-4 中可以看出，散点图矩阵通常是方格网布局。在这个方格网中，水平和垂直的方向上都有多个变量，可满足比较多个变量的需求。其中水平轴上的每一行和垂直轴上的每一列都代表一个变量，左上角到右下角的对角线空出来的部分可以加入密度曲线或直方图。

　　下面用一个实例来讲述如何创建散点图矩阵，数据源是 crimeRatesByState2005.csv（本书配套资料中已包含该数据源），所得的图表如图 5-5 所示。

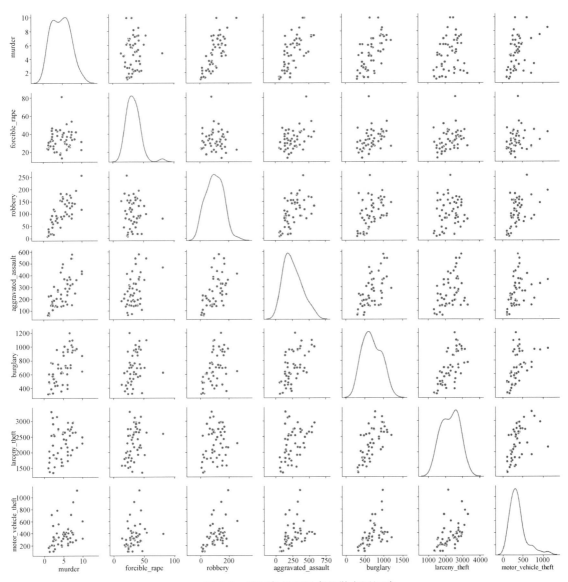

图 5-5　美国各州犯罪率的散点图矩阵

　　其 Python 程序如下：

```
import pandas as pd
import matplotlib.pyplot as plt
import seaborn as sns
crime=pd.read_csv("crimeRatesByState2005.csv")
crime2 = crime[crime.state != "United States"]
```

```
crime2 = crime2[crime2.state != "District of Columbia"]
crime2=crime2.drop(['state'],axis=1)
crime2=crime2.drop(['population'],axis=1)
g = sns.pairplot(crime2, diag_kind="kde")
plt.show()
```

在 5.2.1 节的散点图中，我们已经呈现了谋杀案（murder）和入室盗窃案（burglary）之间的相关关系，图 5-5 展示了 7 种类型的犯罪率之间的关系，其中有很多是正相关的。例如，故意伤害（aggravated_assault）和偷窃（larceny_theft）的关联性就比较高，呈正相关。但是，偷窃（larceny_theft）和谋杀案（murder）之间的联系就不是很明显，此时就不能轻易地做出假设。

若创建带有拟合曲线的散点图矩阵，则会更方便读者的观察，这里使用的是线性回归 sns.pairplo()函数（加入 kind="reg"参数），得出的图表如图 5-6 所示。

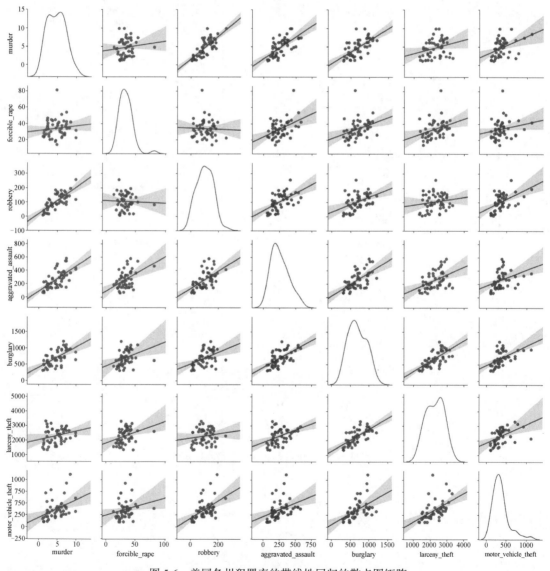

图 5-6　美国各州犯罪率的带线性回归的散点图矩阵

5.2.3　气泡图

气泡图与散点图相似，其不同之处在于，气泡图允许用户在图表中额外加入一个表示大小的变量。实际上，这就如同以二维方式绘制包含三个变量的图表。气泡由大小不同的标记（指示相对重要程度）表示。这种图表类型的优势在于它便于我们同时比较三个变量，如图5-7 所示。一个变量用 x 轴表现，另一个变量用 y 轴表现，而第三个变量则通过气泡的面积大小来体现。

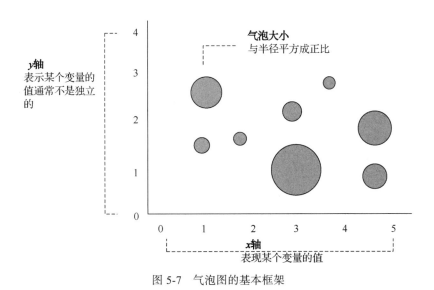

图 5-7　气泡图的基本框架

读者需要注意圆形大小是与面积相关的，也就是与半径的平方相关。下面通过实例讲述如何创建气泡图，其 Python 程序如下，最终生成的图表如图 5-8 所示。

```
import matplotlib.pyplot as plt
import pandas as pd
import numpy as np
crime=pd.read_csv("crimeRatesByState2005.csv")
print (list(crime.murder))
crime2 = crime[crime.state != "United States"]
crime2 = crime2[crime2.state != "District of Columbia"]
z = list(crime2.population/10000)
colors = np.random.rand(len(list(crime2.murder)))
cm = plt.cm.get_cmap('RdYlBu')
plt.scatter(list(crime2.murder),  list(crime2.burglary),  s=z,c=z,cmap  =  cm,
linewidth = 0.5, alpha = 0.5)
plt.xlabel("murder")
plt.ylabel("burglary")
plt.show()
```

图 5-8 所示还是谋杀案和入室盗窃案的相关数据，同时加入了各州的人口数量作为第三个变量，通过气泡的大小表示。那么，是否人口越多，犯罪率就越高呢？事实上并非如此。像加

利福尼亚州、佛罗里达州和得克萨斯州这些大州确实很接近图表的右上部分，但是，纽约州和宾夕法尼亚州的人口数量也很大，但入室盗窃案发生率却相对较低。与之类似，路易斯安那州和马里兰州的人口较少，但却位于图表的最右边，表明其谋杀案发生率很高。

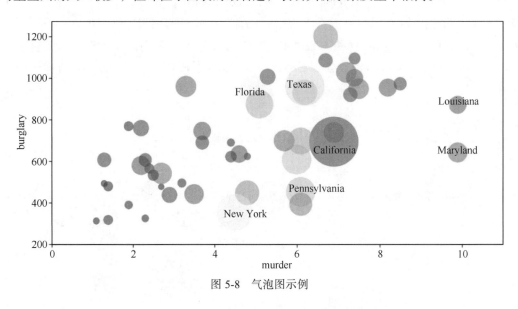

图 5-8　气泡图示例

5.3　数据的分布性

在统计学里有众数、中位数和平均数的概念。众数是指在一组数据中，出现次数最多的数据；中位数，又称中点数、中值，是按顺序排列的一组数据中处于中间位置的数；平均数是指在一组数据中所有数据之和再除以数据的个数，它是反映数据集中趋势的一项指标。一般来说，众数、中位数和平均数都是一组数据的代表，但是它们仅仅描述了一组数据的大概的分布情况，无法呈现数据的整体面貌。可视化图表则可以克服这个缺点，它几乎可以表现所有数据的内容，并且将数据分布的情况也一目了然地呈现在读者面前。比如，如果图表的曲线平坦则说明分布均匀；如果是重心偏左，则说明大部分数据集中在较低的取值区间，反之，则说明大部分数据集中在取值较高的区域；如果曲线呈现正态分布，则说明大部分数据集中在平均数附近。

5.3.1　茎叶图

在计算机还没有普及的年代，大部分数据类的图表都是手工绘制的。其中比较流行的就是茎叶图，它又称为"枝叶图"。这种图的基本思想是将数组或序列中的变化不大或不变的数作为茎（主干），将变化大的数作为叶（分枝）排在茎的后面，读者就可以直观地看到茎后面有多少叶，并且每个数的数值是多少，其基本框架如图 5-9 所示。

```
茎        叶

1    |    0 1 1 2

2    |    2 3 4

3    |    1 1 2 2 3 6 7
```

图 5-9 茎叶图的基本框架

茎叶图可一次完成统计分组和次数分配，是探索性数据分析中对数据初步形象的描绘。其图形直观且保留原始信息，平均值、中位数和众数均可按照原始数据准确、方便地算出。下面用一个 Python 实例展现每年全球各国的出生率，数据源是 birthrate.csv（本书配套资料中已包含该数据源），如图 5-10 所示。

```
 8  | 2 3 7 1 3 3 4 4 6 8 9 9 9
10  | 0 1 2 2 3 4 5 5 6 6 9 9 9 9 0 0 1 2 2 2 3 4 5 5 5 7 7 7 8 8 9
12  | 0 0 0 1 1 1 1 1 3 5 6 7 8 9 9 9 3 7 8 9
14  | 0 0 3 4 5 6 6 7 8 8 9 9 1 2 3 7
16  | 2 2 7 7 7 9 1 2 3 6 7 7 8 8 9
18  | 0 0 2 3 3 6 7 7 8 8 8 9 0 0 4 4 8
20  | 0 0 2 4 4 4 5 6 8 8 9 1 2 4 5 5 6 7 9
22  | 0 0 5 7 8 3 4 5 7 9
24  | 1 1 4 5 6 6 7 7 7 7 1 3 4 7
26  | 3 1 3 3 5 6 6 7
28  | 0 1 4 9 9 9
30  | 1 2 4 2 3 4
32  | 1 4 4 9 0 6 9
34  | 5 5 6 0 4 9
36  | 8 8 9 0
38  | 0 2 3 4 5 5 8 2 3 4 6 8
40  | 2 3 1 2 5
42  | 6 9 9
44  | 1 7
46  | 2 5 2
48  |
50  |
52  | 5
...
```

图 5-10 全球各国出生率的茎叶图

代码实现如下。

```
import  numpy as np
import math
from itertools import groupby
import pandas  as pd
birth=pd.read_csv("birthrate.csv")
birth.dropna(subset=[ '2008'], inplace= True)
dirt={}
data = list(round(birth ['2008'],1))
rangenum = []
for k,g in groupby(sorted(data),key = lambda x: int(x)):
    lst = map(str,list(map(lambda y: divmod(int(y*10),10)[1],list(g))))
    dirt[k] = ' '.join(lst)
    rangenum.append(k)
num = list(range(rangenum[0],rangenum[-1],2))
```

```
for i in num:
    a =''
    for k in sorted(dirt.keys()):
        if 0<=k-i <=1:
            a = a +' ' + dirt[k]
        elif k-i > 1:
            break
    print(str(i).rjust(5), '|', a)
```

在这个程序里面，我们并没有使用 Python 画图的包，而是用数字绘制出一个茎叶图，因为 Python 中没有适用于画茎叶图的包。

从图 5-10 可以看出，此处是将各国出生率数值的小数点左边的数放在竖线（|）的左边，把小数点右边第一个数放到了竖线（|）的右边，需要注意的是，此处的茎的间距是 2，也就是说，左边的 8 等于存储着 8 和 9 两个数据。从图中还可以看出，出生率在 10‰～12‰的国家最多。大部分国家的出生率集中在 10‰～20‰。

用茎叶图表示数据有两个优点：一是统计图上没有原始数据信息的损失，所有数据信息都可以从茎叶图中查到；二是茎叶图中的数据可以随时记录和添加，方便用户的使用。但是，茎叶图包含的都是数字，不如图表直观、清晰，因此，茎叶图这种方法现在已很少使用。下面要讲的直方图使用得更为广泛，其实直方图在本质上就是图形化的茎叶图。

5.3.2 直方图

直方图与茎叶图类似，若逆时针翻转茎叶图，则行就变成列；若是把每一列的数字改成柱形，则得到了一个直方图。直方图又称质量分布图，是数值数据分布的精确图形表示。

在图 5-11 中，直方图中的柱形高度表示的是数值频率，柱形的宽度是取值区间。水平轴和垂直轴与一般的柱形图不同，它是连续的；一般的柱形图的水平轴是分离的。

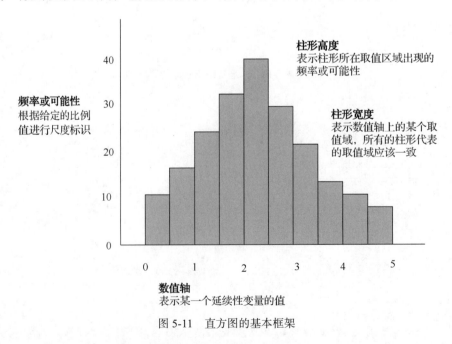

图 5-11 直方图的基本框架

下面介绍如何构建直方图。首先将值的范围分段，即将整个值的范围分成一系列间隔，然后计算每个间隔中有多少值，这些值通常被指定为连续的、不重叠的变量间隔。间隔必须相邻，并且通常是（但不是必须的）相等的大小。下面讲述一个创建直方图的 Python 实例。数据源与 5.3.1 节的数据源相同，Python 代码如下，它呈现的结果如图 5-12 所示。

```
import numpy as np
import pandas as pd
import matplotlib.pyplot as plt
import matplotlib.mlab as mlab
plt.rcParams[ 'font.sans-serif'] = [ 'Microsoft YaHei']
plt.rcParams[ 'axes.unicode_minus'] = False
titanic = pd.read_csv( 'birth-rate.csv')
titanic.dropna(subset=[ '2008'], inplace= True)
plt.style.use( 'ggplot')
plt.hist(titanic['2008'], bins = 10, color = 'steelblue', edgecolor = 'k', label =
'直方图')
plt.tick_params(top= 'off', right= 'off')
plt.legend()
plt.show()
```

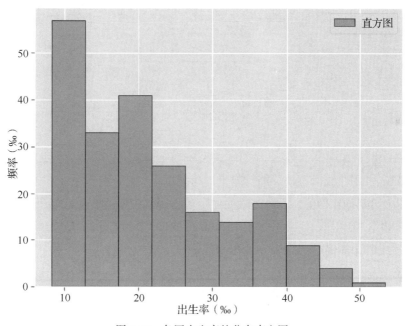

图 5-12　各国出生率的分布直方图

从图 5-12 可以看出，多数国家的出生率都集中在 10‰～20‰，此处设置 10 个分段还是比较合理的。一般地，可以根据数据的特点来决定如何设置分段。若是绝大多数据都集中在某个区域内，那么就要多设置几个分段；若是分布比较均匀，则可以少设置分段。只需修改 hist() 函数中的 bins 参数，就可以实现不同的分段设置。

5.3.3 密度图

直方图反映的是一组数据的分布情况，直方图的水平轴是连续性的，整个图表呈现的是柱形，用户无法获知每个柱形的内部变化。而在茎叶图中，用户可以看到具体数字，但是要求比较数值间的差距大小并不是很明确。为了呈现更多的细节，人们提出了密度图，可用它对分布的细节变化进行可视化处理。

当直方图分段放大时，分段之间的组距就会缩短，此时依着直方图画出的折线就会逐渐变成一条光滑的曲线，这条曲线就称为总体的密度分布曲线。这条曲线可以反映数据分布的密度情况，其基本框架如图 5-13 所示。

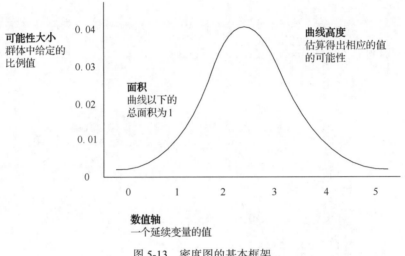

图 5-13　密度图的基本框架

图 5-13 显示了用曲线代替柱形图的效果。曲线以下的总面积等于 1，垂直轴表示可能性大小，表示群体中给定的比例值。下面讲述如何生成各国出生率的数据密度图，其 Python 代码如下，生成的图如图 5-14 所示。此处使用 matplotlib.mlab 中的 GaussianKDE() 函数来获取各个数值对应的比例，并用 plot() 函数绘制出密度分布图。

```
import numpy as np
import pandas as pd
import matplotlib.pyplot as plt
import matplotlib.mlab as mlab
plt.rcParams[ 'font.sans-serif'] = [ 'Microsoft YaHei']
plt.rcParams[ 'axes.unicode_minus'] = False
titanic = pd.read_csv( 'birth-rate.csv')
titanic.dropna(subset=[ '2008'], inplace= True)
kde = mlab.GaussianKDE(titanic['2008'])
x2 = np.linspace(titanic['2008'].min(), titanic['2008'].max(), 1000)
line2 = plt.plot(x2,kde(x2), 'g-', linewidth = 2)
plt.show()
```

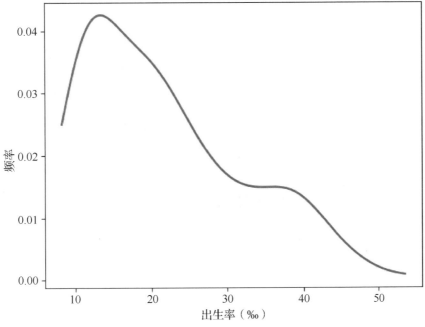

图 5-14　各国出生率的密度分布图

从图 5-14 中可以看出，多数国家的出生率集中在 10‰～20‰。现在还可以继续深入研究，将直方图和密度图绘制在一起，将 hist() 函数中的 normed 参数设置为 True，normed 参数表示对 y 轴数据进行标准化（如果为 True，则为本区间的点在所有的点中所占的概率），生成的图表如图 5-15 所示。Python 代码如下。

```python
import numpy as np
import pandas as pd
import matplotlib.pyplot as plt
import matplotlib.mlab as mlab
plt.rcParams[ 'font.sans-serif'] = [ 'Microsoft YaHei']
plt.rcParams[ 'axes.unicode_minus'] = False
titanic = pd.read_csv( 'birth-rate.csv')
titanic.dropna(subset=[ '2008'], inplace= True)
plt.style.use( 'ggplot')
plt.hist(titanic['2008'], bins =np.arange(titanic['2008'].min(),
titanic['2008'].max(), 3),normed = True, color = 'steelblue', edgecolor = 'k')
plt.title( ' 2008 年出生直方图和密度图')
plt.xlabel( '出生率')
plt.ylabel( '频率')
kde = mlab.GaussianKDE(titanic['2008'])
x2 = np.linspace(titanic['2008'].min(), titanic['2008'].max(), 1000)
line2 = plt.plot(x2,kde(x2), 'g-', linewidth = 2)
plt.tick_params(top= 'off', right= 'off')
plt.show()
```

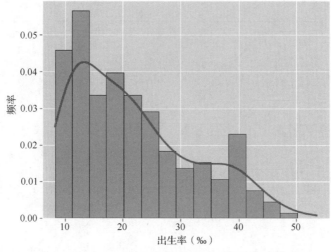

图 5-15　直方图和密度分布图结合示例

习　　题

5-1　数据的关联性与因果性之间的区别是什么？

5-2　数据的关联性在散点图中是如何体现的？

5-3　数据分布性中的茎叶图和直方图之间的区别是什么？

第6章
文本数据可视化

文字是传递信息最常用的载体。在当前这个信息量呈现爆炸式增长的时代，文本信息无处不在，人们接收信息的速度已经难以跟上信息产生的速度。当大段的文字摆在面前，已经很少有人能耐心、认真地把它读完。一般地，人们经常会先查看文中的图片。这种情况一方面说明人们对图形的接受程度比枯燥的文字要高很多，另一方面说明人们急需一种更高效的信息呈现方式。文本数据可视化正是解决方案之一。

文本数据可视化的目的在于利用可视化技术刻画文本和文档，将其中的信息直观地呈现给用户。用户通过感知和辨析这些可视化的图元信息，从中获取所需的信息。因此，文本数据可视化的重要原则是帮助用户快速、准确地从文本中提取信息并将其展示出来。本章将简单介绍文本数据在大数据中的应用，并通过对文本数据可视化案例的阐释和分析帮助读者深入理解所学知识。

6.1　文本数据在大数据中的应用及提取

6.1.1　文本数据在大数据中的应用

目前，文本数据可视化的应用十分广泛，文本数据可视化的技术方法也很多。其中，标签云技术是深受用户喜爱的展示关键词的重要技术之一，它可有效地从数量巨大、数据类型多样、价值密度低的大量数据中快速提取有用信息。

目前，文本分析在大数据领域的应用较多。鉴于人们对文本信息需求的多样性，我们需要从不同层级提取与呈现文本信息。一般把对文本的理解需求分成三级：词汇级（Lexical Level）、语法级（Syntactic Level）和语义级（Semantic Level）。不同级的信息挖掘方法也不同，词汇级使用各类分词算法，而语法级使用一些句法分析算法，语义级则使用主题抽取算法。

文本数据的类别多种多样，一般包括单文本、文档集合和时序文本数据三大类。针对文本数据的多样性，人们提出多种普适性的可视化技术。

大数据中文本可视化的基本流程如图 6-1 所示，主要包括文本信息挖掘、视图绘制以及人机交互。

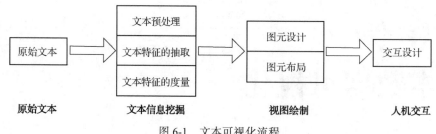

图 6-1　文本可视化流程

6.1.2　使用网络爬虫提取文本数据

随着科技水平的不断提高，计算机网络得到了普及和发展，网络用户的行为也变得越来越复杂，随之产生的 Web 数据的数据量也呈指数形式增长。网络信息日益丰富，通过网页获取文本信息已经成为人们获取信息的主要途径。通过搜索引擎等普通手段已经无法快速地大量抽取海量 Web 文本信息，也无法有效地寻找到所需的文本信息，因此人们开发了网络爬虫这种技术手段来帮助用户高效地提取 Web 信息。

网络爬虫，也称网络蜘蛛（Web Spider），如果把互联网比喻成蜘蛛网，Spider 就是在网上爬来爬去的蜘蛛。网络爬虫就是根据网页的地址（也就是 URL）来寻找网页的。举一个简单的例子，我们在浏览器的地址栏中输入的字符串就是 URL，例如：https://www.baidu.com/。URL 就是统一资源定位符（Uniform Resource Locator），它的一般格式为 "protocol://hostname[:port]/path/[;parameters][?query]#fragment"。它包括三部分：第一部分是协议（protocol），例如，百度使用的就是 HTTPS；第二部分 hostname[:port]，主机名（还有端口号为可选参数，端口号一般默认为 80），例如，百度的主机名就是 www.baidu.com，这个就是服务器的地址；第三部分 path 是主机资源的具体地址，如目录和文件名等。网络爬虫就是根据 URL 对 Web 信息进行获取的。

一般解析网页使用的语言为 Python。Python 爬虫架构主要有调度器、URL 管理器、网页下载器、网页解析器、数据库，各部分介绍如下。

（1）调度器：相当于计算机 CPU，主要负责 URL 管理器、网页下载器、网页解析器之间的协调工作。

（2）URL 管理器：管理待爬取的 URL 地址和已爬取的 URL 地址，防止重复抓取 URL 和循环抓取 URL。

（3）网页下载器：通过传入一个 URL 地址来下载网页内容，Python 支持网页下载的库有 urllib 模块和 requests 模块等。

（4）网页解析器：将一个网页字符串进行解析。网页解析器有正则表达式（直观，将网页转成字符串，通过模糊匹配的方式来提取有价值的信息，但该方法不适用于比较复杂的文档）、html.parser（Python 自带的）、beautifulsoup（第三方插件）、lxml（第三方插件，可以解析 xml 和 HTML）。

（5）数据库：将从网页中收集的有价值的数据存入数据库。

图 6-2 所示为爬虫的架构。

图 6-2　爬虫的架构

下面介绍 Python 内置的网页抓取组件 urllib。urllib 是一个 URL 处理包，这个包中集成了如下处理 URL 的模块。

（1）urllib.request 模块，用于打开和读取 URL。

（2）urllib.error 模块，包含一些由 urllib.request 产生的错误，可以使用 try 进行捕捉处理。

（3）urllib.parse 模块，包含了一些解析 URL 的方法。

（4）urllib.robotparser 模块，用来解析 robots.txt 文本文件。它提供了一个单独的 RobotFileParser 类，通过该类提供的 can_fetch()方法测试爬虫是否可以下载一个页面。

我们可以通过 urllib.request.urlopen()接口函数打开网站，读取并打印信息，具体使用方法如下：

```
urllib.request.urlopen(url, data = None, [timeout,] *, cafile = None, capath = None,
cadefault = False, context = None)
```

6.2　文本信息分析

6.2.1　向量空间模型

在文本数据可视化中，无法将非结构化的文本数据直接用于可视化，因此需要先对文本信息进行提取。提取文本信息需要采用适当的文本度量方法。向量空间模型（Vector Space Model，

VSM）是常用的方法之一，在信息检索、搜索引擎、自然语言处理等领域被广泛应用。向量空间模型是使用向量符号对文本进行度量的代数模型，把对文本内容的处理简化为向量空间中的向量运算，并且以空间相似度表达语义相似度。

1. 词袋模型

词袋模型（Bag of Words）指在信息检索中，将某一文本仅看作是一个词集合，而不考虑其语法、词序等信息。文本中每个词相互独立，不依赖于其他词的出现与否。词袋模型是向量空间模型构造文本向量的常用方法之一，常用来提取词汇级文本信息。词袋模型就是忽略词序、语法和语句，过滤掉对文本内容影响较弱的词（停用词），将文本看作一系列关键词汇的集合所形成的向量，每个词汇表示一个维度，维度的值就是该词汇在文档中出现的频率。

以 Charles Dickens 的《双城记》中的一段文字为例。

"It was the best of times,

it was the worst of times,

it was the age of wisdom,

it was the age of foolishness."

这段文字共包含 24 个单词，在分词以后变为 10 个单词。经词干提取后，这段文字可表达为一个词频向量。表 6-1 是这段文字的词频向量的一部分。

表 6-1　　　　　　　　　　　　　　　　词频向量示例

词	it	best	times	worst	age	wisdom	foolishness
词频	4	1	2	1	2	1	1

2. TF–IDF

TF-IDF（Term Frequency-Inverse Document Frequency）是一种用于信息检索与数据挖掘的常用加权技术。TF 的含义是词频（Term Frequency），IDF 的含义是逆文本频率指数（Inverse Document Frequency）。

词频（TF）是一个词语在一篇文件中出现的次数除以该文件的总词语数。假如一篇文件的总词语数是 100 个，而词语"母牛"出现了三次，那么"母牛"一词在该文件中的词频就是 3/100=0.03。一个计算本例逆文本频率指数（IDF）的方法是，文件集里包含的文件总数除以测定有多少份文件出现过"母牛"一词，再对计算结果求对数。如果"母牛"一词在 1 000 份文件出现过，而文件总数是 10 000 000 份的话，则其逆文本频率指数（IDF）就是 lg(10 000 000 / 1 000)=4。最后的 TF-IDF 的分数为 0.03×4=0.12。

对向量空间模型而言，合理地分配文本中的每个词的权重十分重要。TF-IDF 用于评估某个单词或字在一个文档集或语料库的重要程度。TF-IDF 的主要思想是：如果某个词或短语在一篇文章中出现的频率（TF）高，并且在其他文章中很少出现，则可认为此词或者短语具有很好的类别区分能力，适合用来分类。也就是说，字词在某个文本的重要性与它在这个文本中出现的次数正相关，但同时也会随着它在文档集合中出现的频率增加而下降。

6.2.2　主题抽取

一个文档的语义内容可描述为多主题的组合表达，一个主题可认为是一系列字词的概率分布。主题模型是对文字中隐含主题的一种建模方法，它从语义级别描述文档集中的各个文本信息。文本主题的抽取算法大致可分为两类：基于贝叶斯的概率模型和基于矩阵分解的非概率模型。对于概率模型，其主题被当成多个词项的概率分布，文档可以理解成由多个主题的组合而产生的；而非概率模型，它将词项-文档矩阵投影到 K 维空间中，其中，每个维度代表一个主题。在主题空间中，每个文档由 K 个主题的线性组合来表示。隐含语义检索是代表性的非概率模型，它基于主题间的正交性假设，采用 SVD 分解词项-文档矩阵。

6.3　文本数据可视化

文本数据可视化可以分为文本内容的可视化、文本关系的可视化以及文本多特征信息的可视化。文本内容可视化是对文本内的关键信息分析后的展示；文本关系的可视化既可以对单个文本进行内部的关系展示，也可以对多个文本进行文本之间的关系展示；文本多特征信息的可视化，是结合文本的多个特征进行全方位的可视化展示。

6.3.1　文本内容可视化

文本的内容可以通过关键词、短语、句子和主题进行展现。

1. 关键词可视化

一个词语若在一个文本中出现的频率较高，那么，这个词语就可能是这个文本的关键词，它可以在一定程度上反映出一个文本内容所要表达的含义。关键词可视化是用一个文本中的关键词来展示该文本的内容。

（1）标签云

标签云（Tag Clould）是一种最常见的、简单的关键词可视化方法，主要可分为如下两步。

① 统计文本中词语的出现频率，提取出现频率较高的关键词。

② 按照一定的顺序和规律将这些关键词展示出来。例如，用颜色的深浅，或者字体的大小，来区分关键词的重要性。

如图 6-3 所示，将一个文本中的关键词提取出来，并用自定义的形状来呈现所有关键词，其中，频率越高的关键词，显示的颜色越深，字号越大；频率越低的关键词，显示的颜色越浅，字号越小。

目前，标签云可视化技术仍在不断地发展，其中，Wordle 技术能以比标签云更美观的方式呈现关键词，并在空间利用上更为合理。

图 6-3　标签云可视化示例

（2）文档散

文档散（DocuBurst）是由多伦多大学的 Christopher Collins 教授制作的一个在线文本分析可视化工具，它通过导入 TXT 格式的文本数据，生成 HTML 格式的可视化图片。

文档散使用词汇库中的结构关系来布局关键词，同时使用词语关系网中具有上下语义关系的词语来布局关键词，从而揭示文本中的内容。上下语义关系是指词语之间往往存在语义层级的关系，也就是说，一些词语是某些词语的下义词。而在一篇文章中，具有上下语义关系的词语一般是同时存在的。

文档散的使用方法如下。

① 将一个单词作为中心点。中心点的词汇可以由用户指定，选择不同的中心点词汇呈现出的可视化结果将大不相同。

② 将整个文章内的词语呈现在一个放射式层次圆环中，外层的词是内层词的下义词。这样就可以直观地展示文档的中心词在词语关系网中是如何被呈现的。

如图 6-4 所示，外层的词是内层的下义词，颜色饱和度的深浅用来体现词频的高低，图中的层次可由用户指定。

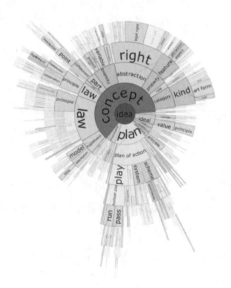

图 6-4　文档散可视化示例

2. 时序文本可视化

时序文本具有时间性和顺序性，比如，新闻会随着时间变化，小说的故事情节会随着时间变化。

（1）主题河流

主题河流（ThemeRiver）是由 Susan Havre 等学者于 2000 年提出的一种时序数据可视化方法，主要用于反映文本主题强弱变化的过程。

经典的主题河流模型包括以下两个属性。

① 颜色，表示主题的类型，一个主题用一个单一颜色的涌流表示。但是，颜色种类有限，若使用一种颜色表示一个主题，则会限制主题的数量，因此，可以使用一种颜色表示一类主题。

② 宽度，表示主题的数量（或强度），涌流的状态随着主题的变化，可能扩展、收缩或者保持不变。

图 6-5 所示为主题河流可视化示例，横轴表示时间，河流中的不同颜色的涌流表示不同的主题，涌流的流动表示主题的变化。在任意时间点上，涌流的垂直宽度表示主题的强弱。

通过这种表示方法，时序文本内容的整体流动趋势就能很容易地被用户获取。

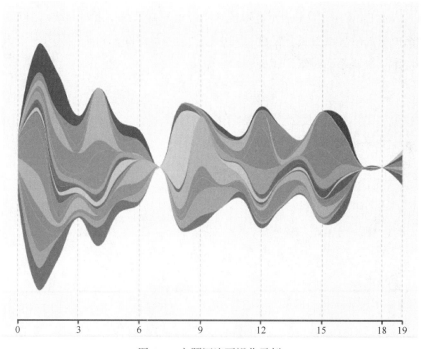

图 6-5　主题河流可视化示例

主题河流可视化方法虽然十分经典，但仍存在一定的局限性，它只能在每个时间刻度上将各主题简单概括成一个数值，这种做法并不能详细描述出主题的特性。

在实际应用中，除了要了解主题随时间变化的信息外，用户往往还要了解更多其他相关的信息。因此，研究人员将主题河流与标签云技术相结合，将每个主题都用一组关键词来表示，允许用户从多个角度理解和总结文本，从而为用户提供一个有意义的、基于时间变化的主题强弱变化过程。

（2）文本流

文本流（TextFlow）是主题河流可视化技术的一种扩展，它不仅可以表达主题的变化，还能展示随着时间的推移各个主题之间分裂与合并的状态。如图6-6所示，某个主题在某一时刻分裂成几个主题，或者多个主题在某个时间点合并成一个主题。

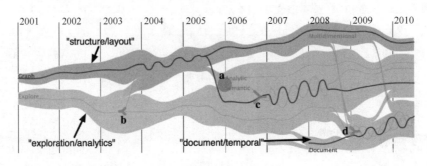

图6-6 文本流可视化示例

（3）故事流

故事流（StoryFlow）常用来表示电影或者小说里的剧情线或者时间线。图6-7所示为"让子弹飞"这部电影的故事流可视化呈现，其中，横轴表示时间，每条线代表一个人物，当两个人在剧情中产生某种联系的时候，就会在图中相交。

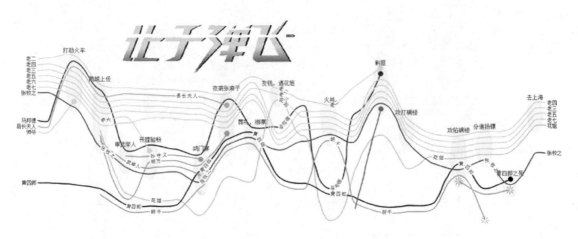

图6-7 故事流可视化示例

3. 文本分布可视化

上述的文本数据可视化方法都是通过关键词、文本主题来总结文本内容，但是文本中的其他特征，如词语的分布情况、句子的平均长度、词汇量等并没有展示出来。下面介绍的可视化方法可以解决这个问题。

文本弧（TextArc）可视化技术不仅可以展示词频，还可以展示词的分布情况。

文本弧的特性如下。

① 用一条螺旋线表示一篇文章，螺旋线的首尾对应着文章的首尾，文章的词语有序地分布在螺旋线上。

② 若词语在整篇文章中出现得比较频繁，则靠近画布的中心区域分布。

③ 若词语只是在局部出现得比较频繁，则靠近螺旋线分布。

④ 字体的大小和颜色深浅代表着词语的出现频率。

图 6-8 所示即为一个典型的文本弧可视化示例。

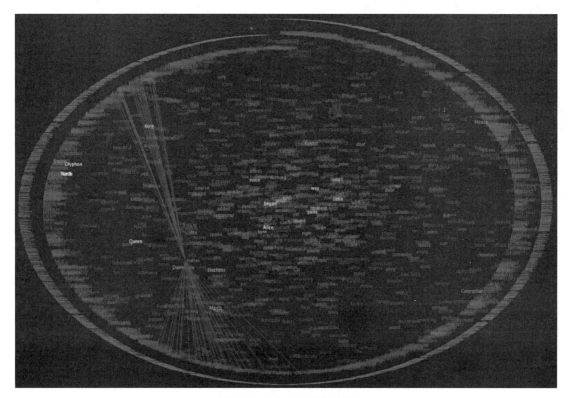

图 6-8　文本弧可视化示例

此外，用户可以通过可视化技术呈现某一特征在全文中的分布规律，比如，可以用文献指纹（Literature Fingerprinting）技术呈现句子的平均长度这一特征，它用一个像素块代表一段文本，像素块的透明度代表这段文本的句子平均长度。

文本内容按长短可分为不同的粒度，如关键词、短语和句子，可通过文本特征透镜（Feature Lens）对这些不同粒度词句的频率和分布情况进行可视化。

6.3.2　文本关系可视化

文本关系包括文本内或者文本间的关系，以及文本集合之间的关系，文本关系可视化的目的就是呈现这些关系。文本内的关系有词语的前后关系；文本间的关系有网页之间的超链接关系，文本之间内容的相似性，文本之间的引用等；文本集合之间的关系是指文本集合内容的层次性等关系。

1. 文本内关系可视化

（1）词语树

词语树（Word Tree）使用树形图展示词语在文本中的出现情况，可以直观地呈现出一个词语和其前后的词语。用户可自定义感兴趣的词语作为中心节点。中心节点向前扩展，就是文本中处于该词语前面的词语；中心节点向后扩展，就是文本中处于该词语后面的词语。字号大小代表了词语在文本中出现的频率。如图 6-9 所示，图中采用了词语树的方法来呈现一个文本中Child 这个词与其相连的前后所有的词语。

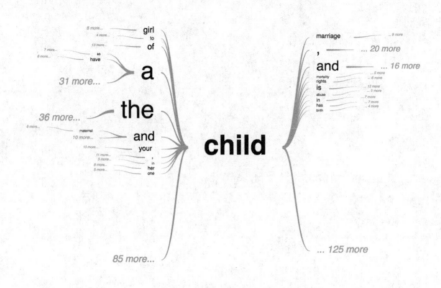

图 6-9　词语树可视化示例

（2）短语网络

短语网络（Phrase Nets）包括以下两种属性。

① 节点，代表一个词语或短语。

② 带箭头的连线，表示节点与节点之间的关系，这个关系需要用户定义，比如，"A is B"，其中的 is 用连线表示，A 和 B 是 is 前后的两个节点词语。A 在 is 前面，B 在 is 后面，那么，箭头就由 A 指向 B。连线的宽度越宽，就说明这个短语在文中出现的频率越高。

如图 6-10 所示，图中使用短语网络对某小说中的"*the*"关系进行可视化。

图 6-10　短语网络可视化示例

2．文本间关系可视化

当对多个文本进行可视化展示时，针对文本内容进行可视化的方法就不适合了。此时可以引入向量空间模型来计算出各个文本之间的相似性，单个文本被定义成单个特征向量，最终以投影等方式来呈现各文本之间的关系。

（1）星系视图

星系视图（Galaxy View）可用于表征多个文本之间的相似性。假设一篇文本是一颗星星，每个文本都有其主题，将所有文本按照主题投影到二维平面上，就如同星星在星系中一样。文本的主题越相似，星星之间的距离就越近；文本的主题相差越大，星星之间的距离就越远。星星聚集得越多，就表示这些文本的主题越相近，并且数量较多；若存在多个聚集点则说明文本集合中包含多种主题的文本。

（2）文本集抽样投影

当一个文本集中包含的文本数量过大时，投影出来的星系视图中就会产生很多重叠的星星。为了避免这种重叠情况的出现，用户可以对文本集进行抽样，有选择性地抽取部分文本进行投影，这样可以更加清晰地显示每个样本。

6.3.3　文本多特征信息可视化

对文本数据进行可视化时，可结合文本的多个特征进行分析。比如，对学术文章进行分析时，可结合作者、摘要、关键词、内容以及引用多个特征，从语义上分析各种文章主题的相似性，从而对文章进行聚类划分，可将相似的文章划分为一个类别。

平行标签云（Parallel Tag Cloud）将标签云在水平方向上基于多个不同的特征进行显示，每一个特征对应着一列标签云，列与列之间的特征都不一样。如图 6-11 所示，以不同的兴趣点来显示标签云，每一列代表着用户的一个兴趣点，这一列的标签云代表了这一兴趣点的关键词出现频率，颜色越深，字号越大，则说明这个关键词在这个兴趣点上出现的频率越高。

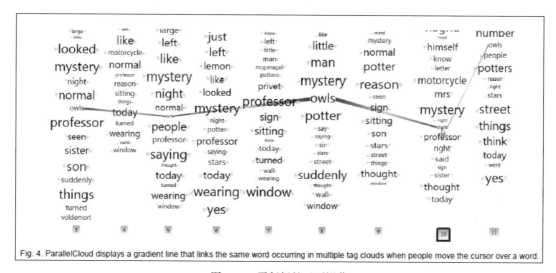

Fig. 4. ParallelCloud displays a gradient line that links the same word occurring in multiple tag clouds when people move the cursor over a word.

图 6-11　平行标签云可视化

6.4　实际案例

6.4.1　词云图

图 6-12 所示为数据源 post_data.csv 的前面几行数据（本书配套资料中已包含该数据源），这份列表记录了某可视化网站上最受用户喜爱的 100 篇文章的浏览量、评论数和文章分类。下面计算出各类文章的浏览量总量，然后用 pyecharts 库中的 WordCloud()函数绘制词云图，如图 6-13 所示，总浏览量越大的文章分类的名称显示越大，总浏览量越小的文章分类的名称显示越小。

id	views	comments	category
5019	148896	28	艺术可视化
1416	81374	26	基础可视化
1416	81374	26	特别推荐
3485	80819	37	特别推荐
3485	80819	37	基础可视化
3485	80819	37	数据源
500	76495	10	统计可视化
500	76495	10	基础可视化
500	76495	10	网络可视化
4092	66650	70	丑陋的可视化
4092	66650	70	错误数据

图 6-12　post_data.csv 数据源

图 6-13　词云图

具体代码如下：

```
from pyecharts import WordCloud
import pandas as pd
post_data = pd.read_csv('../data/post_data.csv')
wordcloud = WordCloud(width=1300, height=620)
post_data2=post_data.groupby(by=['category']).agg({'views':sum}).reset_index()
```

```
wordcloud.add("", post_data2['category'], post_data2['views'], word_size_range=[20,
100])
    wordcloud.render()
```

6.4.2　主题河流图

主题河流的数据反映了每一个主题的值基于时间的变化情况，如图 6-14 所示，对应的代码
如下：

```
from pyecharts import ThemeRiver
data = #数据量太大，请参考本书配套代码 colors_list=['#FFA07A','#32CD32','#4169E1',
'#FAA460','#F0E68C','#8c564b','#e377c2','#7f7f7f','#bcbd22','#17becf']#备用颜色列表
tr = ThemeRiver("主题河流图示例图")
tr.add(['分支 1', '分支 2', '分支 3', '分支 4', '分支 5', '分支 6'], data, is_label_
show=False,label_color=colors_list)
tr.render()
```

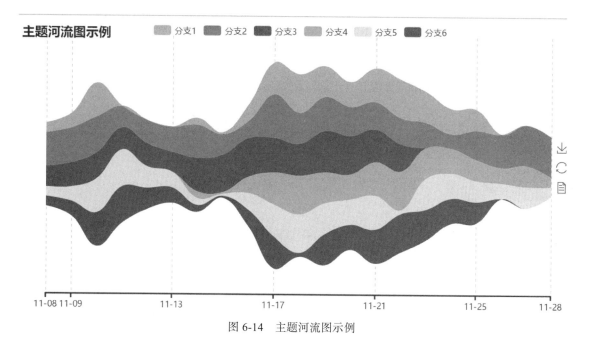

图 6-14　主题河流图示例

6.4.3　关系图

数据源 weibo.json 中包含大量的微博用户以及用户之间微博转发关系（本书配套资料中已
包含该数据源），用 pyecharts 库的 Graph() 函数可将用户节点和节点之间的转发关系绘制出来，
如图 6-15 所示，具体代码如下：

```
from pyecharts import Graph
import os
import json
with open(os.path.join("../data", "weibo.json"), "r", encoding="utf-8") as f:
    j = json.load(f)
```

```
    #print(j)
    nodes, links, categories, cont, mid, userl = j
    #print(mid)
graph = Graph("微博转发关系图", width=1200, height=600)
graph.add(
    "",
    nodes,
    links,
    categories,
    label_pos="right",
    graph_repulsion=50,
    is_legend_show=False,
    line_curve=0.2,
    label_text_color=None,
)
graph.render()
```

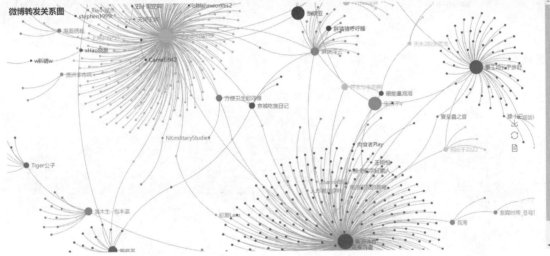

图 6-15　微博转发关系图

习　　题

6-1　文本可视化流程是什么?

6-2　文本信息分析有哪些方法?

6-3　文本数据可视化包括哪些方面?

第7章
复杂数据可视化

目前，真实世界与虚拟世界越来越密不可分，移动互联网、物联网等信息的产生和流动，创造了无数复杂的数据，如视频影像数据、传感器网络数据、社交网络数据、三维时空数据等。对此类具有高复杂度的高维多元数据进行解析、呈现和应用是数据可视化面临的新挑战。

对高维多元数据进行分析的困难如下。

（1）数据复杂度大大增加。复杂数据包括非结构化数据和从多个数据源采集、整合而成的异构数据，传统单一的可视化方法无法支持对此类复杂数据的分析。

（2）数据的量级已经超过了单机，甚至小型计算集群系统处理能力的上限，我们需要采用全新思路来解决这个问题。

（3）在数据获取和处理过程中，不可避免地会产生数据质量的问题，其中特别需要关注的是数据的不确定性。

（4）数据快速动态变化，常以流式数据形成存在，对流式数据的实时分析与可视化仍然是一个亟待解决的问题。

面对以上挑战，对二维和三维数据可以采用一种常规的可视化方法表示，将各属性的值映射到不同的坐标轴，并确定数据点在坐标系中的位置。这样的可视化设计通常被称为散点图（Scatterplot）。当维度超过三维后，还可以增加视觉编码进行表示，如颜色、大小、形状等。但对更复杂的高维多元数据进行可视化处理时，这种方法仍存在很大的局限。本章主要介绍针对数据的高维、大尺度以及不确定性这三个特性的可视化方法。

7.1 高维多元数据在大数据中的应用

高维多元数据指每个数据对象有两个或两个以上独立或者相关属性的数据。高维（Multidimensional）指数据具有多个独立属性，多元（Multivariate）指数据具有多个相关属性。若要科学、准确地描述高维多元数据，则需要数据同时具备独立性和相关性。由于在很多情况下，研究人员无法确定数据的属性是否独立，因而通常简单地称之为多元数据。例如，手机的配置如内核处理器、内存、款式等参数，每个参数都描述手机的一个属性，所有参数组成的配置就是一个多元数据。由于在数据理解、分析和决策等方面的突出表现，可视化技术在各类多元数据分析中得到广泛使用。

图 7-1 所示的散点图使用颜色和大小分别表示国家所在洲和人口这两个额外属性，直观、有效地实现了各国国民健康（Life expectancy）和收入（Income）之间关系的四维数据的可视化。然而，由于视觉编码的种类有限，而且过多或过于复杂的视觉编码也会降低可视化的可读性。因此，我们需要使用更有效的可视化方法来展示维度更高的多元数据。本节介绍多元数据可视化的两类基本方法——空间映射法和图标法。

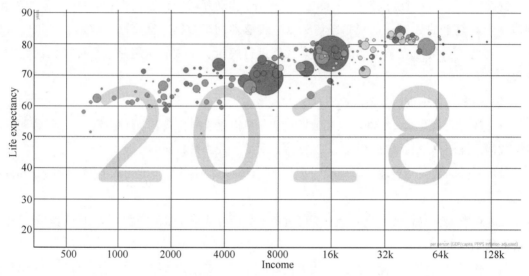

图 7-1　2018 年世界各国国民健康和收入四维数据的散点图可视化

7.1.1　空间映射法

散点图就是一种空间映射方法。散点图的本质是将抽象的数据对象映射到二维坐标表示的空间。若处理的是多元数据，散点图的概念可理解成：在二维的平面空间中，采用不同的空间映射方法对高维数据进行布局，这些数据的关联以及数据自身的属性在不同位置得到了展示，而整个数据集在空间中的分布则反映了各维度间的关系及数据集的整体特性。

1. 散点图及散点图矩阵

前面章节介绍过散点图和散点图矩阵，散点图矩阵是散点图的扩展（见图 7-2）。对于 N 维数据，采用 N^2 个散点图逐一表示 N 个属性之间的两两关系，这些散点图根据它们所表示的属性，沿横轴和纵轴按一定顺序排列，进而组成一个 $N×N$ 的矩阵。随着数据维度的不断扩展，所需散点图的数量将呈几何级数的增长，而将过多的散点图显示在有限的屏幕空间中则会极大地降低可视化图表的可读性。因此，目前比较常见的方法就是交互式地选取用户关注的属性数据进行分析和可视化。通过归纳散点图特征，优先显示重要性较高的散点图，也可以在一定程度上缓解空间的局限。

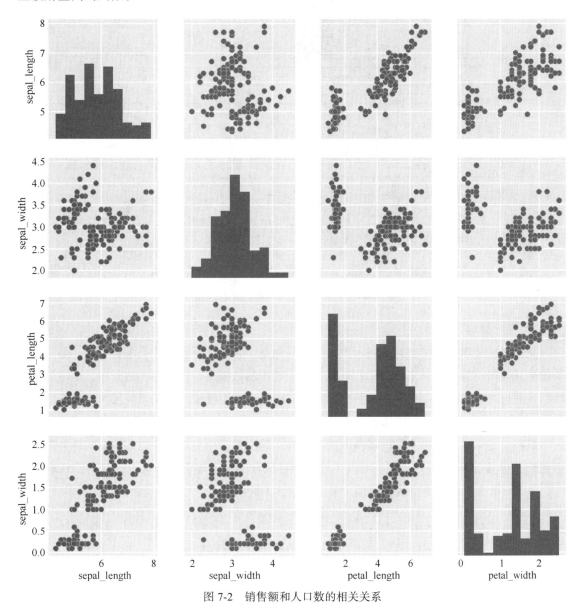

图 7-2　销售额和人口数的相关关系

2. 表格透镜

表格透镜（Table Lens）是对使用表格呈现多元数据（如 Excel 等软件）方法的扩展。该方法并不直接列出数据在每个维度上的值，而是将这些数值用水平横条或者点表示。表格透镜允许用户对行（数据对象）和列（属性）进行排序，用户也可以选择某一个数据对象的实际数值。如图 7-3 所示，表格透镜清晰地呈现了数据在每个属性上的分布和属性之间的相互关系。

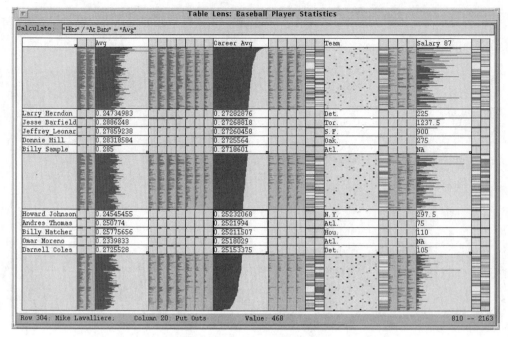

图 7-3　表格透镜可视化方法示例

3. 平行坐标

　　平行坐标能够在二维空间中显示更高维度的数据，它以平行坐标替代垂直坐标，是一种重要的多元数据可视化分析工具。平行坐标不仅能够揭示数据在每个属性上的分布，还可描述相邻两个属性之间的关系。但是，平行坐标很难同时表现多个维度间的关系，因为其坐标轴是顺序排列的，不适合于表现非相邻属性之间的关系。一般地，交互地选取部分感兴趣的数据对象，并将其高亮显示，是一种常见的解决方法。另外，为了便于用户理解各数据维度间的关系，也可更改坐标轴的排列顺序。图 7-4（a）所示为将散点图技术与平行坐标综合使用的示例，图 7-4（b）所示为采用自由摆放坐标轴（灵活轴线法）的示例。

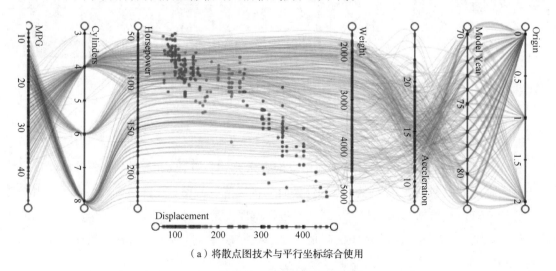

（a）将散点图技术与平行坐标综合使用

图 7-4　平行坐标可视化示例

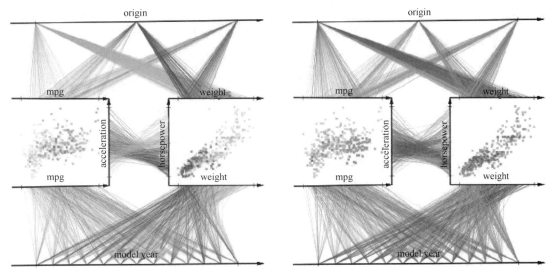

（b）灵活轴线法

图 7-4　平行坐标可视化示例（续）

4. 降维

当数据维度非常高时（如超过 50 维），目前的各类可视方法都无法将所有的数据细节清晰地呈现出来。在这种情况下，我们可通过线性/非线性变换将多元数据投影或嵌入低维空间（通常为二维或三维）中，并保持数据在多元空间中的特征，这种方法被称为降维（Dimension Reduction）。降维后得到的数据即可用常规的可视化方法进行信息呈现。

7.1.2　图标法

图标法的典型代表是星形图（Starplots），也称雷达图（Radar Chart）。星形图可以看成平行坐标的极坐标形式，数据对象的各属性值与各属性最大值的比例决定了每个坐标轴上点的位置，将这些坐标轴上的点折线连接围成一个星形区域，其大小形状则反映了数据对象的属性，如图 7-5（星形图）和图 7-6（雷达图）所示。

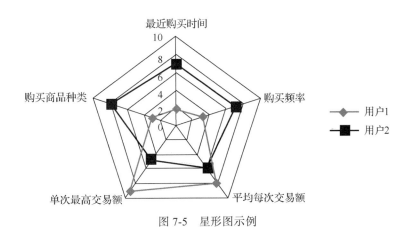

图 7-5　星形图示例

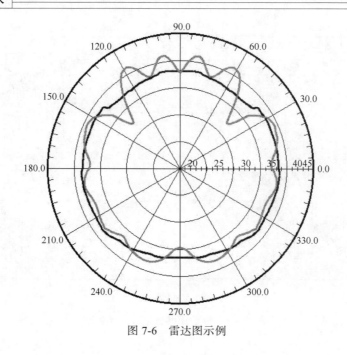

图 7-6　雷达图示例

7.2　非结构化数据可视化

7.2.1　基于并行的大尺度数据高分辨率可视化

复杂数据并不只有高维度数据，还包括异构数据等。异构数据是指在同一个数据集中存在的如结构或者属性不同的数据。存在多个不同种类节点和连接的网络被称为异构网络。异构数据通常可采用网络结构进行表达。在图 7-7 中，基于异构社交网络的本体拓扑结构表达了某组织网络中的多种不同类别的节点。由于数据量大并且复杂度高，不能直接使用网络点线图进行可视化（见图 7-7 左图）。因此，我们可以采用从异构网络中提炼出本体拓扑结构的策略（见图 7-7 右图），其中的节点是原来网络内的节点类型，连接相互之间存在关联的类别。以这个拓扑结构作为可视分析的辅助导航，用户可以在图中加入特定类别的节点和连接，从而起到过滤的作用。

产生数据的异构性的主要原因是数据源的获取方式的不同。比如，微信用户数据不仅包括软件中点对点的聊天记录、GPS 位置数据，还包括用户的部分个人信息。这些来自不同数据源的数据通常具有不同的数据模型、数据类型和命名方法等，因此，合理地整合底层的数据至关重要。将数据整合为可视化模块，可为众多独立和异构的数据源获取数据提供透明且统一的访问接口，从而支持多种类型的数据源的查询和可视化显示。

全方位显示大尺度数据的所有细节是一个计算密集型的过程，处理大尺度数据的基本技术路线就是构建大规模计算集群。例如，美国的马里兰大学构建了一个 GPU 和 CPU 混合式高性能计算和可视化集群，其架构如图 7-8 所示。

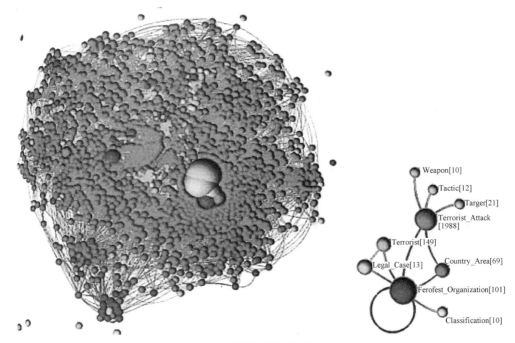

图 7-7　异构数据的可视化示例

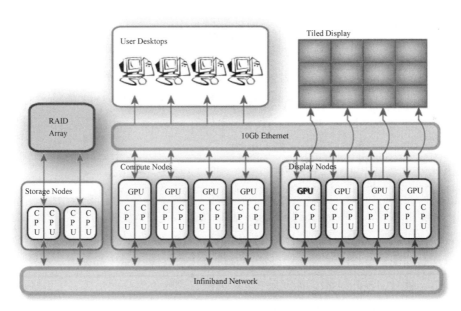

图 7-8　面向高性能计算和可视化的计算集群架构

　　另外，大规模数据的高清可视化需要高分辨率的显示设备和显示方法。高精度的大屏投影拼接面向的是专业级用户，普通的个人用户实现大尺度数据的高精度可视化则需要使用其他方法。大尺度数据可视化一般有两种方法：一种是采用层次结构对大尺度数据进行重新组织；另一种就是将高精度的数据采样成分辨率较低的数据，在既定分辨率的视图里实现预览式的可视化。Cleverland 等人提出了可视化数据库的思想——复杂大尺度数据集的可视化使得大量超高分辨率的可视图需要多窗口、多页面进行存储。其中，单视图对应于数据集的某个子集，因此可使用数据库生成、管理、解析和显示数据可视化结果的集合。概括地说，使用多窗口的高效多视图来对数据库进行可视化处理的主要步骤如下：

（1）根据不同的需求，将大尺度复杂数据划分为数据子集；

（2）对每个数据子集进行分析，得出符合用户感知的可视化结果；

（3）对从各个不同角度形成的可视化视图采取数据库的架构方式进行存储与管理；

（4）针对不同的可视化视图，为用户提供敏捷的交互工具，并且实现多视图同步无缝更新。

7.2.2　分而治之的大尺度数据分析与可视化

可视化领域以及计算机图形学有一种标准方法叫作分治（Divide and Conquer）法，如二叉树、四叉树等空间管理结构等。本节将从统计、数据挖掘和可视化等几个领域介绍分而治之的概念。

1.　统计分析层的分而重组

R 语言面向统计分析的底层，是一门开源语言。虽然 R 语言是基于单线程来运行的，但其可通过大量的软件开发包实现多核并行计算。然而，即使是并行的方式也并不能降低大尺度数据的分析难度。针对这个问题，目前一种比较新颖的思路就是将数据划分为多个子集，对这些子集使用相应的方法来进行可视化的操作，最后再合并总体结果，这种方式就称为分而重组。分而重组的核心思想包含拆分（Divide）和重合（Recombine）。其中，拆分包括以下两种算法。

（1）条件变量分割法

使用此方法时，一部分变量被选为条件变量，并且被分配到每个子集里。BSV（Between Subset-Variables）在不同子集中的取值各异，且一个子集在同一时间只能有一个 BSV 变量；WSV（Within-Subset Variables）则在同一个子集里取值。技术人员通过分析 WSV 伴随 BSV 的变化以及 WSV 之间的关系来确保分割的准确性。

（2）重复分割法

重复分割法中的数据被看作是包含 r 个变量的 n 个观察值，被认为是重复数。如果采用随机重复分割法对随机观察值不替换地产生子集，这种做法虽然处理速度快，但是各子集缺乏代表性；如果采用近邻剔除重复分割法，则 n 个观察值将被分割成拥有近乎相同观测值的邻居集合。

重合算法包括统计重合法、分析重合法以及可视化重合法。统计重合法，也就是合成各个子集的统计值，通常，我们根据不同的分割算法如近邻剔除重复分割法等方法的效果对比，选择最优的重合方案；分析重合法主要是观察、分析和评估计算结果；可视化重合法则是以小粒度观察数据的方法，并使用了多种抽样策略，包括聚焦抽样和代表性抽样。

从应用角度看，R 语言实现了以上分而重合的过程，并将代码作为输入放入一个并行框架中，因此，我们可以在 Hadoop 集群上基于 MapReduce 框架实现该过程。

2.　数据挖掘层的分而治之

使用分而后合的方法对数据进行分类大体分为三个步骤：首先，输入数据或者文本信息，将输入数据等份成 n 份或者按规则划分；然后，对每份数据使用最适合的分类器进行分类，并将分类结果融合；最后，通过一个强分类器计算获取最终结果。

3. 数据可视化层的分而治之

大规模科学计算的结果之所以适合采用多核并行模式和分而治之法进行处理，是因其通常体现为规则的空间型数据。标准的科学计算数据的并行可视化可采用计算密集型的超级计算机、计算集群和 GPU 集群等模式。目前比较流行的 Hadoop 和 MapReduce 等处理框架通常被用来处理非空间型数据，MapReduce 框架应用于科学计算的空间型数据，这就意味着使用统一的分而治之的框架可以处理科学计算的空间型数据和非结构化数据。

7.3　数据不确定性可视化

与数据错误和数据矛盾不同，数据的不确定性存在于数据处理过程的各个环节中，数据不确定性可视化有助于帮助用户准确地理解数据并做出正确决策。然而，到目前为止，此种方法仍有如下重要问题亟待解决：

（1）如何清晰地表示不确定性；

（2）如何降低或避免因不确定性可视化所带来的视觉混淆；

（3）如何降低不确定性可视化所引起的对确定性数据可视化结果的负面影响；

（4）不确定性表达的可视隐喻。

7.3.1　不确定性的来源

数据的收集、处理和可视化的过程都会产生不确定性。例如，在测量时，测量仪器的优劣以及技术人员的测量水平都会给实际测得的数据带来不确定性；同样地，不同的仿真模型也会为数据带来不确定性；而且，在对原始数据进行可视化之前都要先对数据进行清洗、过滤操作，而这些操作可能会在一定程度上改变原始数据，也带来了潜在的不确定性。

7.3.2　不确定性的可视化方法

针对种种原因产生的不确定性数据，我们将重点介绍几种可视化方法。目前的不确定性可视化方法大致可分为四类：图标法、几何体表达法、视觉元素编码法和动画表达法，这几种方法的比较见表 7-1。

表 7-1　　　　　　　　　　　　　　不确定性可视化方法比较

可视化方法	优势	不足
图标法	简单、方便理解	容易产生视觉混乱的问题
几何体表达法	形象、直观，可编码高维度的不确定性	易影响原有的确定性数据的可视结果
视觉元素编码法	可帮助用户迅速地定位可视化结果中的造成不确定性因素所在的区域和大小	需要精心选择视觉元素才能有效地表达不确定性

续表

可视化方法	优势	不足
动画表达法	可帮助用户更加生动、形象地理解不确定性,提供了更高的自由度来调节可视化结果	理解曲线较长,易引起疲劳

1. 图标法

图标法比较常见的方法有误差条(Error Bar)、盒须图(Box Plot)以及流场雷达图(Flower Rader Glyph)等。

误差条由一系列带标记的线条组成,用来对一维不确定性数据进行可视化,如图7-9所示。误差条的横轴一般表示数据实体,纵轴表示每个数据实体的统计特征,在通常情况下,数据实体的统计特征至少由均值、下限误差值和上限误差值组成。

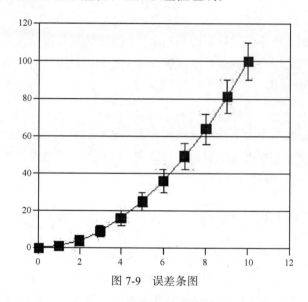

图7-9 误差条图

盒须图又称箱线图。五数统计图是一种最基本的盒须图,它包括上下边缘值(即最大值和最小值)、上四分位数、中位数和下四分位数,编码了数据最基本的统计特征。图7-10所示的就是五数统计图的示例。

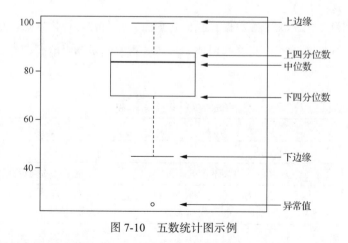

图7-10 五数统计图示例

盒须图和误差条是专业技术人员常用的方法；对于普通用户而言，这种方法就显得不够直观了。对于二维确定性向量场，我们常用箭头等图标表示向量场的采样点方向和大小等信息。通过将更多信息编码于这些图标，可实现二维不确定性向量场的可视化。如图 7-11 所示，我们使用箭头表示风场中每个采样点上风的方向，箭头长度表示风的强度，箭头宽度表示风向的不确定性（纤细的箭头代表不确定性较小，粗壮的箭头则表示不确定性较大）。

不确定性可视化（面图标表示风向）　　　　　　未包含不确定性的可视化（线图标表示风向）

图 7-11　二维不确定性向量可视化示例

在一般情况下，由于大量图标的布局会造成严重的遮盖，进而导致视觉混乱，因此图标法适合用于对稀疏不确定性数据进行可视化。

2. 几何体表达法

利用有代表性的几何物体可提供更加丰富的视觉表达效果，以此来表达数据的不确定性。常用的基本几何物体有点、线、面、网格、体等，通常，点、线等简单几何体仅能编码一维不确定性的数据，而对于一些高维度数据的不确定性，则可以采用一些更加复杂的几何体来表示。

图 7-12 所示是采用包围体表达的不确定性可视化结果，主要步骤包括：首先，将原始数据转换为一个概率场；然后，设计传输函数或颜色映射对概率场进行颜色和透明度编码；最后，通过体绘制或者混合多个等值面的方式实现不确定性可视化。

 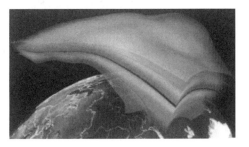

未考虑不确定性的温度场等值面可视化结果　　　　　考虑了不确定性的等值面可视化结果

图 7-12　基于包围体表达的不确定性可视化结果

几何体表达法在某种程度上与图标法有着一定的相似性，其可视化结果比较形象、直观且易于理解，相较于图标法还能表达高维度的不确定性。然而这种方法在引入代理几何体表示不确定性时，会干扰原有的可视化结果，会让用户潜意识里认为这些几何体就是数据的组成部分，而非不确定性的可视载体。

3. 视觉元素编码法

以视觉元素作为不确定性编码的基本载体是众多不确定性可视化方法的基本思想。基本的视觉标量包括位置、形状、亮度、颜色、方向和纹理等。其中，颜色是表达不确定性的常用视觉元素之一，通过将不确定性映射为不同的颜色，即可实现不确定性的可视编码；而纹理则是一个比较复杂的视觉元素，它是颜色、尺寸、形状和方向等视觉元素的综合体现。狭义地讲，纹理指的是某种模式的空间分布频率，常用于类别型数据的可视化，纹理所包含的细节信息的丰富程度会直接影响用户对可视化结果的理解。

视觉元素编码法是一种非常直接的不确定性可视化方法，因为其采用视觉元素作为不确定性的表达载体，所以用户可以快速地定位可视化结果中不确定性所在的区域和大小。然而，用户对视觉元素的选择往往与心理和感知有着极大的联系。因此，在实际应用中，需要精心选择合适的视觉元素对不确定性进行编码。

4. 动画表达法

在人类视觉系统的处理过程中，运动具有极高的处理优先级。因此，动画也是可视化的一种重要表达形式。与其他方法相比，动画表达法是一种基于动态信息表达的方法。若要发现数据中不确定性的大小、范围等信息，就要求用户持续关注可视化的结果。众多动画相关参数都可用于编码不确定性，如速度、时间单位、关键帧、闪烁、运动范围等。

动画表达法的基本思想是将不确定性隐式地编码于一个与时间有关的函数中。其中，可用不确定性函数 $u(t)$ 来表示 t 时刻的动画关键帧的可视化结果。如图 7-13 中的上图所示，将不确定性编码于一个与时间相关的曲面形变函数，通过形状的变化表达不确定性；而图 7-13 的下图则展示了一个将不确定性编码于一个与时间相关的颜色映射函数的可视化结果。

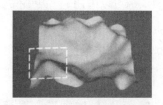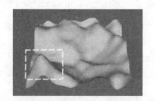

两帧采用形变编码不确定性的可视化结果

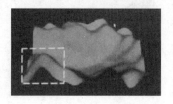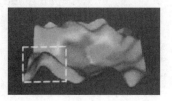

两帧采用颜色编码不确定性的可视化结果

图 7-13　动画表达法示例

　　尽管动画表达法能够比较形象地展现数据中的不确定性，然而，它需要用户长时间且连续地观察动画才能找到不同帧间的差别，因此这种方法需要比静态可视化更长的理解曲线。另外，动画中的跳动、闪烁等不确定性表达方式还容易造成用户的视觉疲劳。

习　　题

7-1　什么是复杂数据？复杂数据大概分为哪几种类型？

7-2　非结构化数据可视化方法有哪些？试着列出几种。

7-3　不确定性数据可视化方法有哪些？并对这些方法进行比较。

第8章
数据可视化中的交互

除了视觉呈现部分外，用户交互部分也是数据可视化中一个非常重要的要素。用户交互就是用户通过与系统之间的互动来理解数据的过程。如果可视化效果无法实现与用户互动，其效果就会大打折扣，如静态图片。特别是当数据经过可视化处理后生成的图表尺寸远远超过可视化空间时，静态可视化的有效性就会受到限制。交互在可视化中的作用主要体现在以下两个方面。

（1）交互能让用户更好地理解和分析数据。因为可视化系统的目的不是单纯地向用户传递信息，而是提供平台和工具让用户探索数据。因此，在这样的系统中，交互是必不可少的。

（2）有效缓解了可视化空间和数据过载之间的矛盾。首先，有限的空间无法展示海量的数据；其次，高维度数据的可视化难以呈现在二维平面上；最后，交互可以扩展可视化空间，从而有效缓解两者之间的矛盾。

可视化界面的视觉呈现和交互这两部分是密不可分的。实际上，许多交互技术正是为专门的视觉呈现系统设计和开发的。本章将对数据交互的原则、交互的分类以及交互的技术等进行介绍。

8.1　交互原则

设计可视化系统在选择交互方式时，除了能够完成任务外，还要遵循一些基本的原则。例如，交互的延时性需要在用户可以接受的范围内，并有效控制用户交互的成本。这些基本原则对交互的最终呈现效果影响很大。

8.1.1　交互延时

交互延时指的是从用户操作开始到结果返回经历的时间，延时的长短在很大程度上直接决定了用户体验的效果。例如，一个简单的操作如果延时过长，就会给用户带来操作失败的错觉，或者让用户失去等待的耐心而放弃使用该功能。实际上，对于延时长短的判断是一个主观的过程，用户对延时的耐心会随着时间的推移慢慢降低，用户体验也随之变得越来越差。但是这个过程不是连续的，而是有一个重要的节点，一旦超过这个节点，用户的忍耐度就会大幅降低。

交互是以系统返回信息，提示操作完成为终点。因此，系统的反馈就显得尤为重要。可视化系统与普通软件的区别就在于它是通过视觉系统来反馈信息的。例如，用鼠标选中一个对象时，被选中的对象应通过高亮的方式来提示用户该选择操作已经完成。另外，若交互操作所需的时间比用户预期的时间长，则系统应该将操作进度及时反馈给用户。例如，当交互操作时间太长时，可以通过加载进度条等方式通知用户。一般而言，优秀的交互设计取决于互动机制的选取，以及视觉反馈时间与用户期望值之间是否匹配。

在设计可视化系统时，用户交互的延时是必须要考虑的重要因素之一。选择合理的交互操作和视觉反馈的方法，并且确保延时在可以接受的范围之内，才可以让用户正常、高效地与系统进行互动。

8.1.2 交互场景

在一般情况下，交互会引起可视化场景的变化。以导航为例，在进行导航操作的过程中，场景也会随视角的变化而变化。为了了解导航的整个场景，用户有必要记忆部分之前的场景作为参考。如果导航的可视化视图使用了一些辅助手段帮助用户记忆和判断，用户的记忆压力就会减轻不少，例如，在视图的一角显示当前视图在整个地图中的位置。在那些需要通过对比前后视图才能做出判断的应用中，还可以赋予用户自由切换场景的权限，让用户通过切换场景来反复对比，达到准确发现变化的目的。

总之，选择合适的交互方式的原则是从具体的目标和任务出发，综合考虑交互的延时、交互的成本以及交互的场景变化，权衡成本和效果，设计出人性化的、用户体验良好的可视化交互系统。

8.2 交互分类

交互的分类方法有很多，每种分类都有各自的依据和应用场景，没有一种分类方法可以适应所有的应用需求。因此，读者应该了解这些常见的分类方法，并且在实际应用中根据自己的特定需求选择合适的分类。

8.2.1 按任务类型分类

从可视化系统设计的角度出发，通常需要根据系统将要完成的任务类型来选择交互技术。按照任务类型分类，也就是按照功能把完成同一任务的技术都归为一类。这种按照任务类型对交互技术进行分类的方法显得更为实用。在不同的应用领域，要完成的任务和要达到的目的也不尽相同，所以划分的任务类型也不同，比较全面的一种分类方法如下。

（1）选择：将目标数据对象标记出来，例如，通过高亮的方式标记数据。

（2）重配：重新设置可视化配置。

（3）重新编码：展现不同的视觉效果。

（4）导航：可以用来展现不同的数据，例如，设置下一页提示按钮。

（5）关联：将有关联的数据一并展示。

（6）过滤：根据过滤条件选择展示一部分数据。

（7）概览：展现对象的总体概况。

（8）细节：展现更多细节内容。

8.2.2 按操作符与操作空间分类

操作符可分为：导航（Navigation）、选择（Selection）和变形（Distortion）；操作空间可分为：数据值空间（Data Value-Space）、数据结构空间（Data Structure-Space）、对象空间（Object-Space）、属性空间（Attribute-Space）、屏幕空间（Screen-Space）和可视化结构空间（Visualization Structure-Space）。交互的本质就是操作符与操作空间的组合。大多数可视化系统的交互都可用以上操作符和操作空间来表示。例如，对数据的高亮显示是在屏幕空间中进行选择操作，对数据的过滤显示是在数据值空间中进行选择操作。

8.2.3 按交互操作类型分类

Ben Shneiderman 将常见的交互操作归纳为：缩放（Zoom）、过滤（Filter）、关联（Relate）、记录（History）、提取（Extract）、按需要提供细节（Details-on-Demand）以及概览（Overview）。根据所操作的数据类型可将交互操作分为图形操作、数据操作和集合操作三类。图形操作指的是对可视化对象进行操作，如对图形等视觉表面层面的操作；数据操作指的是对数据对象进行增加、修改和删除等操作；集合操作指的是对数据对象组成的集合进行创建和删除等操作。

了解上述常见的交互分类方法有助于设计人员更好地理解各种交互技术的关系与区别，完成交互系统的设计。当然，在实际的应用场景中，具体选择哪种分类方法更合适，还要根据具体的需求来判断。

8.3 交互技术

交互的技术有很多种，本节将选取部分常用技术进行详细介绍。实际上，交互技术本身并无优劣之分，选择哪种交互技术的依据是具体的场景和应用需求。

8.3.1 选择技术

当用户需要展示的数据非常庞大且十分复杂时，最好提供一种方法可以让用户把注意力集中到感兴趣的数据对象上。例如，选中目标数据后，可通过高亮的方式让用户把目标数据标记出来（见图 8-1），从而方便后续的查找与跟踪。

日期	单据编号	客户编码:	产品代码	实发数里	金额
2009-05-02	XOUT004666	00000006	001	44350	196356.73
			001	33450	148097.69
2009-05-04	XOUT004671	55702102	007	7680	91038.16
2009-05-03	XOUT004668	00000006	001	14900	65968.78
2009-05-04	XOUT004669	53005101	007	5000	59269.64
2009-05-04	XOUT004679	37106103	005	10000	53533.49
2009-05-04	XOUT004667	53004102	007	3800	45044.92
2009-05-04	XOUT004682	37403102	007	4060	36616.8
			007	2700	32005.6
2009-05-04	XOUT004670	55803101	007	2300	27264.03
2009-05-04	XOUT004676	37207102	007	3000	27056.75
			007	3000	27056.75
2009-05-01	XOUT004664	37106103	005	5000	26766.74
2009-05-04	XOUT004672	37106103	005	3800	20342.73

图 8-1　高亮显示目标数据示例

8.3.2　导航技术

导航技术是可视化系统中最常见的交互技术之一。由于受屏幕空间的限制，当可视化数据的数据量比较大时，只能将从选定视点开始到可见的那部分数据显示出来。这时如需观察其他部分的数据，则必须调整观察视角。其实，这种调整视角的操作可以想象成在三维空间的某个位置放置一台指向特定方向的照相机，照相机可以捕捉到的信息就是当前视角可见区域部分。当移动相机位置或者改变相机指向时，可见区域部分也会随之改变。在可视化系统中，导航的过程与在三维空间中移动相机或者改变相机指向的操作过程是一样的。这种操作可以改变视角，达到观看空间内整体数据的目的。

导航的基本操作有三种，分别是平移、缩放和旋转。

（1）平移：将观察点沿着与某个平面平行的位置上下或左右移动。

（2）缩放：将观察点靠近或者远离一个平面。从用户的感知角度来看，观察点靠近平面会使得观察数据放大，但是所能观察到的数据量会变少；反之，远离观察平面可以观察到更多的内容，但观察到的数据会缩小。

（3）旋转：使观察点的虚拟相机绕着旋转轴旋转。

使用上述三种基本的导航技术虽然可以通过调整视角和位置达到观察目标数据的目的，但一般只应用于数据量比较小的场景。当空间需要显示的数据量比较大且密集时，上述方法的局限性就暴露出来，仅仅通过平移、缩放和旋转的方式搜索目标数据就会变得十分困难。因此，为了解决这一难题，一些新颖的导航技术也就应运而生了。

下面重点介绍两种高级的导航技术。

（1）Link Sliding 技术：利用节点-链接图中的拓扑结构达到有效观察目标数据的目的。用户可通过网络中的路径滑动视角，从一个节点滑动到另一个相邻的节点，如图 8-2 所示。

首先，用户单击鼠标左键选择开始节点，围绕节点形成一个浅灰色的圆圈，标明选择的半径，鼠标指针可以自由移动，让用户选择出发的链接。link cursor 是始终在路径上距离鼠标指针最近的点，当鼠标指针移动到圆圈之外时，鼠标指针会被强制拖曳到 link cursor 的位置。每次鼠标事件后，鼠标位置都会被更新，并计算距离鼠标位置最近的路径上的点，以此点作为 link cursor 的位置。

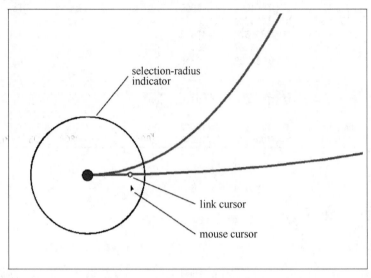

图 8-2　Link Sliding 方法示意图

（2）Bring & Go 技术：该方法同样利用网络数据的拓扑结构来进行导航。方法是保持视角不动，通过移动目标数据构成临时视图，用户可以通过该方法获知该节点与其他节点的距离信息。

一旦选取某一节点，就可以将所有邻近节点都显示在该点附近，当用户选择某一邻近点后，视图将与 Link Sliding 一样平滑地移动至目标点。所有邻近点将按距离由近到远排列，距离最近的放在第一位，并按照这个顺序从最靠近圆心的圆环开始放置，直到该层圆环被排满，如图 8-3 所示。

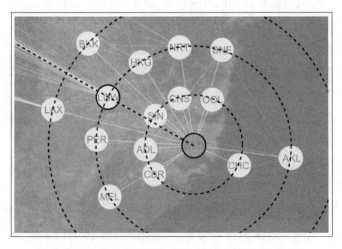

图 8-3　Bring & Go 方法示意图

导航交互的最大难点在于随着视角和场景的变化,用户难以确定自己在整个数据空间中的位置。解决这个问题的通常做法是在场景变化的过程中,使用渐变动画来实现场景的切换感知。

8.3.3　重配技术

重配技术的目的是为用户提供观察数据的不同视角,常用的方式是对视图进行重组和重排列。特别是在图表类型的可视化应用中,重配技术的应用更为普遍。例如,用户可以通过把图表的列互换,将图表中感兴趣的列排列在一起,从而提高数据分析的效率。重配技术可用于解决由于空间距离拉大导致数据属性关联性降低的问题。

除此之外,Dust & Magnet(铁屑和磁铁)技术也体现了重配交互技术的思想,它将数据的属性看作一个磁铁,将与属性相关的数据看作一个个铁屑。当磁铁被拖动的时候,与磁铁所代表的属性相关联的数据也会朝着磁铁运动的方向运动。如图 8-4 所示,每个目标数据代表一种食品,属性包括维生素(Vitamins)、蛋白质(Protein)、脂肪(Fat)、糖分(Sugar)4 个属性值,当用户设置好磁铁的位置并拖动磁铁时,与属性相关联的数据点的分布也会随之产生动态变化。从图 8-4 可以看到 Product19 中富含维生素,而 SpecialK 中则富含蛋白质。

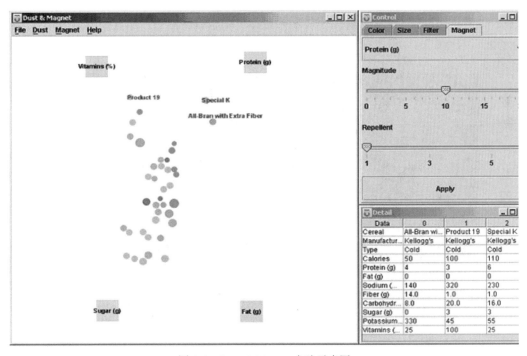

图 8-4　Dust & Magnet 方法示意图

铁屑与磁铁的属性越相关,当磁铁被拖动的时候,铁屑会被磁铁吸引得越快。吸引速度具体取决于下列因素。

（1）Magnet 的性质。

（2）Magnet 的强度。

（3）Magnet 所设置的相斥值。

（4）Dust 关于 Magnet 所规定的性质的值。

8.3.4　过滤技术

过滤技术是获取信息的常用方法，指的是通过设置过滤条件来进行信息查询的技术。例如，通过 SQL 语言查询数据库和通过搜索引擎搜索信息，都使用了过滤技术。但是，传统的过滤技术不管是搜索的条件还是结果，一般都是以文字列表的形式展示的。

当用户检索的对象是数据时，因为用户无法把握数据的整体特征，也就无法找到合适的过滤条件。而且，当返回的搜索结果较多时，用户很难对结果进行快速判断。因此，传统的过滤方式对于检索数据具有一定的局限性。

数据可视化的过滤技术可以将数据以视图的方式呈现给用户，待用户对数据有了整体把握之后再设置数据的过滤操作。而且，过滤的效果可以以动态方式显示，过滤效果对过滤条件的响应是实时的，用户可以根据过滤的效果对过滤的条件进行适当的调整。

以 Home Finder 为例，它是一个基于过滤技术的可视化交互的应用，如图 8-5 所示。图中显示的是美国华盛顿地区的地图，并且使用亮点在地图上标记了华盛顿地区可以出售的房屋。通过右侧的控件设置一些过滤条件，其效果会实时地显示在左侧，用户还可以根据效果再做调整。

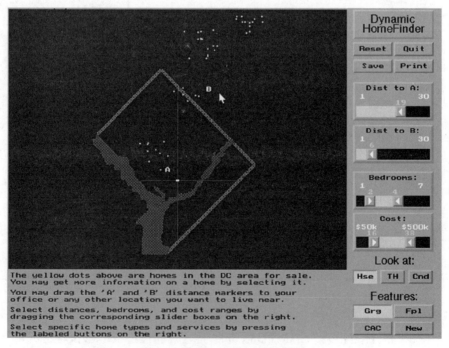

图 8-5　Home Finder 过滤示意图

如果使用传统的过滤手段，当用户输入过滤条件后，显示的结果一般是字符形式的列表，每个条目中显示的是关于房屋的详细信息。虽然其中也包含了房屋的地理位置信息，但是用户很难直观地获取房屋地标信息。特别是当房屋数据量较大时，返回结果的列表也会很长，用户很难从中获得感兴趣的信息，造成信息获取效率的下降。

而与传统的过滤手段不同的是，基于过滤的可视化交互技术可以将房屋的信息（包括地理位置信息）直观地显示在地图上。通过右侧的过滤控件，用户可以及时看到过滤后的效果，提升了用户检索数据的效率。这种具备实时在线过滤功能的可视化技术又称为动态查询，是实现信息可视化的重要手段之一。

动态查询在可视化系统中被广泛采用，特别是右侧用来设置过滤条件的控件起到了十分关键的作用。在一般情况下，这些控件是图形界面控件，如按钮、列表、文本框等。这些标准的控件可以让用户实现过滤数据的目的，但其提供的信息十分有限。在特定的场景下，这个局限性就会暴露出来。以 Home Finder 应用为例，如果有一间房子的价格是 10 万美元，其他所有房屋的价格都是 50～100 万美元，即便低于 50 万美元价格的房子只有一间，价格过滤条件也要设置为 10～100 万美元。此时，用户会以 10 万美元为基数，逐渐向上增加价格，但遗憾的是，在 10～50 万美元之间，用户搜索不到任何房屋的信息。此时，如果可以提供房屋价格区间分布，用户就能很容易地发现大部分房屋的价格都集中在 50～100 万美元，从而可以选择更加合理的价格搜索范围。

嗅觉控件（Scented Widgets）在原来的控件基础上加入了可视化元素，可以为用户提供更多的参考信息。

嗅觉控件主要分为三种形式，如图 8-6 所示。

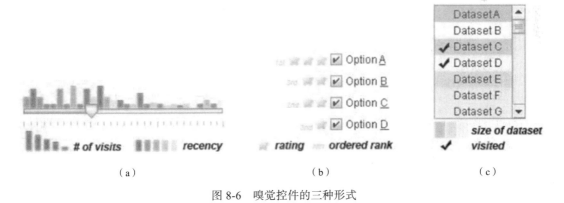

图 8-6　嗅觉控件的三种形式

（1）插入简明的统计图形，如直方图的滑块，滑块的长度和透明度分别表示访问数量和近况两个属性值。

（2）插入图标和文字标签的复选框，图标的数量和文字标签表示排名。

（3）嵌入了颜色和标记的列表，是否被勾选表示数据量的大小和是否被访问过。

另外，基本的动态查询方法也有局限，就是过滤控件所表示的不同属性之间都是相互独立的。但在实际情况下，属性之间一般都存在关联性。比如，在 Home Finder 应用中，卧室的数量和价格具有一定的关联性，用户在选择卧室数量的同时，价格也会随之相应地自动调整。

刷动直方图组（Brushing Histograms）正是基于上述考虑，对这些方面做了改进，如图 8-7 所示，当用户在直方图上选择需要过滤的条块时，其他的直方图也会相应做出反应，并在左侧的视图上实时显示过滤后的结果。

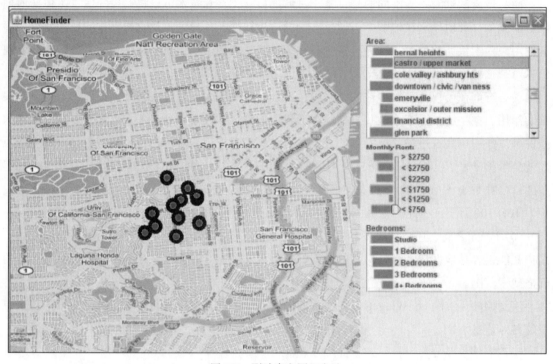

图 8-7　刷动直方图组方法

8.3.5　关联技术

关联（Connection）技术是指使用可视化的方式展现数据之间联系的一种技术，特别是在多视图中，数据关联技术应用广泛。因为在多视图中，一个数据会在多个视图中出现，采用不同的可视化方法来表达，用户就可以同时在不同视图中观察同一数据的不同表达方式，也可以在不同视角下观察数据。但是用户必须清楚地知道数据在不同视图中的位置。

链接与刷动技术（Linking & Brushing）正是基于这个目的而提出的，用户在其中一个视图上选中某一数据时，在其他视图上会实时显示相关联的结果，如图 8-8 所示。其中，图 8-8（a）为平行坐标视图，图 8-8（b）为立体数据视图，当用户在其中一个视图中操作数据时，另外一个视图中的数据也会发生相应的变化。这种数据在不同视图中的关联表达的方法可以让用户清晰地看到数据的不同呈现方式，可以帮助用户理解数据以及数据之间的关联性。

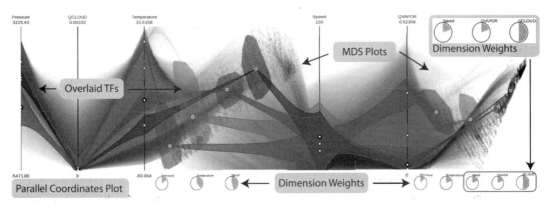

（a）平行坐标视图

图 8-8　多视图关联技术

（b）立体数据视图

图 8-8　多视图关联技术（续）

8.3.6　概览+细节技术

概览+细节技术指的是在数据可视化的过程中，综合运用概览和细节的技术展示数据，让用户既可以从整体上把握当前状态，又可以从细节微观的角度观察数据。

概览可以为用户提供一个从整体去观察数据的角度，让用户从宏观上把握数据，对全局信息有一个整体的判断。这个过程是一个引导阶段，用户基于这样的判断可以更深入地了解详细的数据。而细节则是用户更为关注的数据，在关注细节的过程中，因为有概览的辅助，所以用户不会失去对整体的判断。例如，用户在搜索地图时，一般在地图的右下角会显示地图的概览情况，用户在搜索的过程中，随时可以通过概览情况来判断自己目前所在的位置。

8.4 实例案例

ECharts 是一款开源的、十分流行的 JS 交互式绘图库，十分适合用于生成可视化交互图形。pyecharts 是为了与 Python 对接，方便在 Python 中生成 ECharts 图表的类库。使用 pyecharts 可以在网页中生成具有各种效果的动态图，用户也可以在图形上进行各种交互操作。

下面用 Python 对数据源 beijing_AQI_2018.csv 文件（本书的配套资料中包含该数据源）进行分析和可视化显示。这份文件包含 2018 年北京市每日空气质量指数的相关数据，表格中的五列数据分别是：Date（日期）、Quality_grade（质量等级）、AQI（空气质量指数）、AQI_rank（当天 AQI 排名）和 PM（PM2.5），具体内容如图 8-9 所示。

	A	B	C	D	E
1	Date	Quality_grade	AQI	AQI_rank	PM
2	2018/1/1	良	55	42	35
3	2018/1/2	优	46	44	27
4	2018/1/3	优	29	21	10
5	2018/1/4	优	28	56	14
6	2018/1/5	良	51	127	30
7	2018/1/6	优	29	44	14
8	2018/1/7	良	56	170	37
9	2018/1/8	良	51	111	12
10	2018/1/9	优	37	28	6
11	2018/1/10	优	32	14	5
12	2018/1/11	优	30	5	10
13	2018/1/12	良	77	222	55

图 8-9　北京每日空气质量指数相关数据

空气质量指数（Air Quality Index，AQI）是定量描述空气质量状况的指数，AQI 范围为 0～500，其数值越大，则说明空气污染状况越严重，对人体健康的危害也就越大，大于 100 的污染物为超标污染物。参与空气质量评价的主要污染物为细颗粒物、可吸入颗粒物、二氧化硫、二氧化氮、臭氧、一氧化碳等六项物质。PM2.5 即细颗粒物，指空气中直径小于等于 2.5 微米的颗粒物，它能长时间地悬浮于空气中，这个值越高，表明其在空气中含量浓度越高，即空气污染越严重。

表 8-1　　　　　　　　　　　空气质量指数

空气质量指数	空气质量指数级别	空气质量指数类别	对健康影响情况
0～50	一级	优	空气质量令人满意，基本无空气污染
51～100	二级	良	空气质量可接受，但某些污染物可能对极少数异常敏感人群健康有较弱影响
101～150	三级	轻度污染	易感人群症状有轻度加剧，健康人群出现刺激症状
151～200	四级	中度污染	进一步加剧易感人群症状，可能对健康人群心脏、呼吸系统产生不良影响

空气质量指数	空气质量指数级别	空气质量指数类别	对健康影响情况
201～300	五级	重度污染	心脏病和肺病患者症状显著加剧，运动耐力降低，健康人群普遍出现症状
>300	六级	严重污染	健康人群运动耐力降低，有明显剧烈症状，提前出现某些疾病

8.4.1　折线图

数据源 beijing_AQI_2018.csv 文件中第 3 列数据为"AQI"，即 AQI 值。下面通过折线图对 2018 年北京每日 AQI 值进行可视化显示，从而观察 AQI 的变化趋势。

实现步骤如下。

（1）读取数据源 beijing_AQI_2018.csv 中的数据。

（2）提取 Date 列和 AQI 列的数据。

（3）将 Date 列和 AQI 列的数据传递给 pyecharts 的 Line()函数，画出 2018 年北京每日 AQI 值的变化趋势折线图。

具体代码如下，对应的源代码文件为"1.beijing_AQI_2018.py"。

```
df = pd.read_csv('beijing_AQI_2018.csv')
attr = df['Date']
v1 = df['AQI']
line = Line("2018 年北京 AQI 全年走势图", title_pos='center', title_top='18', width=800,
height=400)
line.add("AQI 值: ", attr, v1, mark_line=['average'], is_fill=True, area_color="#000",
area_opacity=0.3, mark_point=["max", "min"], mark_point_symbol="circle", mark_point_
symbolsize=25)
line.render("./results/2018 年北京 AQI 全年走势图.html")
```

运行程序后，results 子目录下会生成一个名为"2018 年北京 AQI 全年走势图.html"的文件，用浏览器打开这个文件，显示的图形如图 8-10 所示。

图 8-10　2018 年北京 AQI 全年走势图

将以上代码中的 AQI 数据换为数据源.csv 文件中的 PM 列数据，对应的源代码文件为 "2.beijing_PM2.5_2018.py"，代码运行后生成的图形如图 8-11 所示。

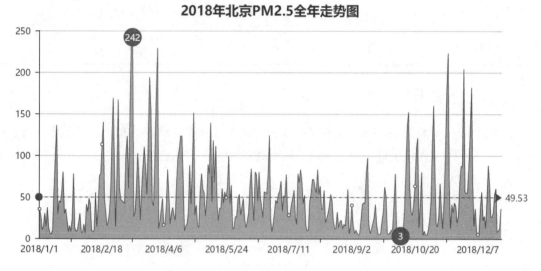

图 8-11　2018 年北京 PM 2.5 全年走势图

图 8-10 和图 8-11 中数据起伏较大，这是因为这两幅图中横轴的日期包括 2018 年全年的每一天，故而数据非常密集，若要展示每个月的 AQI 值或 PM 值的变化趋势，就需要将每个月的月均 AQI 与月均 PM 值计算出来。

实现步骤如下。

（1）数据源 beijing_AQI_2018.csv 第一列日期的格式为 2018/1/1，从中提取出月份。

（2）基于月份计算每个月的 AQI 平均值，并将这个值存入列表。

（3）将月份和每个月 AQI 平均值列表数据传递给 pyecharts 的 Line ()函数，生成 2018 年北京月均 AQI 走势图，如图 8-12 所示。

具体代码如下，对应的源代码文件为 "3.beijing_AQI_2018_month.py"。

```
df = pd.read_csv('beijing_AQI_2018.csv')
dom = df[['Date', 'AQI']]
list1 = []
for j in dom['Date']:
    time = j.split('/')[1]
    list1.append(time)
df['month'] = list1
month_message = df.groupby(['month'])
month_com = month_message['AQI'].agg(['mean'])
month_com.reset_index(inplace=True)
month_com_last = month_com.sort_index()
attr = ["{}".format(str(i) + '月') for i in range(1, 13)]
v1 = np.array(month_com_last['mean'])
v1 = ["{}".format(int(i)) for i in v1]
line = Line("2018年北京月均AQI走势图", title_pos='center', title_top='18', width=800,
height=400)
```

```
line.add("AQI 月均值", attr, v1, mark_point=["max", "min"])
line.render("./results/2018 年北京月均 AQI 走势图.html")
```

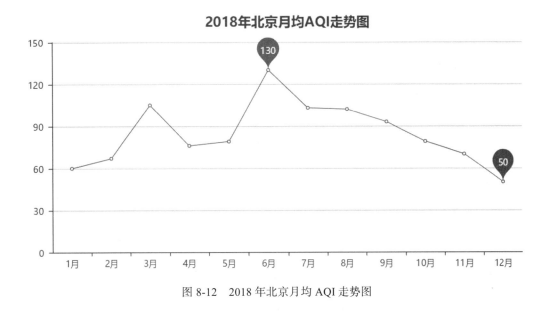

图 8-12　2018 年北京月均 AQI 走势图

同样地，将以上代码中的 AQI 数据转换为数据源.csv 文件中的 PM 列数据，对应的源代码文件为 "4.beijing_PM2.5_2018_month.py"，代码运行后的图形如图 8-13 所示。

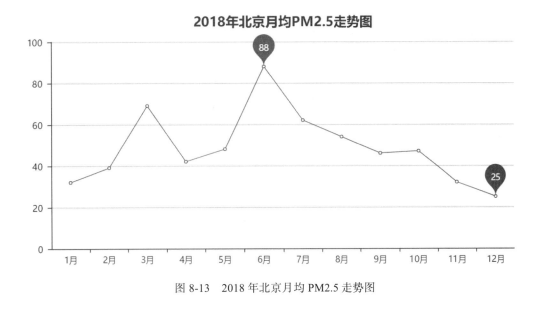

图 8-13　2018 年北京月均 PM2.5 走势图

8.4.2　箱形图

将 AQI 值按照季度进行分析，可用箱形图进行比较显示。实现步骤如下。

（1）数据源 beijing_AQI_2018.csv 第一列日期的格式为 2018/1/1，从中提取出月份。

（2）根据月份所在季度把 AQI 值分别保存到 4 个季度的列表中。

（3）将 4 个季度对应的 AQI 值列表数据传递给 pyecharts 的 boxplot()函数，画出 2018 年北京季度 AQI 箱形图，如图 8-15 所示。

具体代码如下，对应的源代码文件为 "5.beijing_AQI_2018_season.py"。

```
dom = df[['Date', 'AQI']]
data = [[], [], [], []]
dom1, dom2, dom3, dom4 = data
for i, j in zip(dom['Date'], dom['AQI']):
    time = i.split('/')[1]
    if time in ['1', '2', '3']:
        dom1.append(j)
    elif time in ['4', '5', '6']:
        dom2.append(j)
    elif time in ['7', '8', '9']:
        dom3.append(j)
    else:
        dom4.append(j)
boxplot = Boxplot("2018 年北京季度 AQI 箱形图", title_pos='center', title_top='18',
width=800, height=400)
x_axis = ['第一季度', '第二季度', '第三季度', '第四季度']
y_axis = [dom1, dom2, dom3, dom4]
_yaxis = boxplot.prepare_data(y_axis)
boxplot.add("", x_axis, _yaxis)
boxplot.render("./results/2018 年北京季度 AQI 箱形图.html")
```

如图 8-14 所示，将鼠标指针移动到每个季度的箱形图上，可显示 2018 年每个季度的最小值、1/4 值、中间值、3/4 值和最大值。

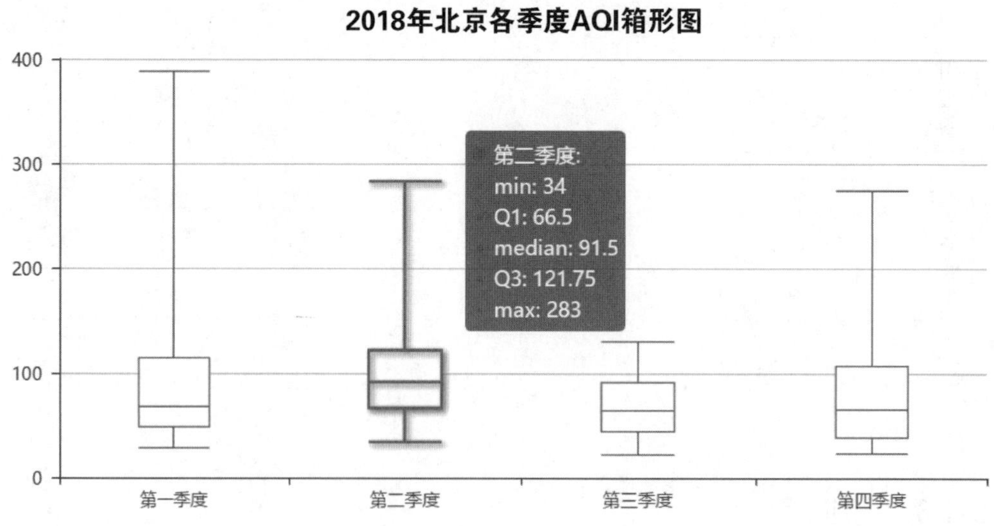

图 8-14　2018 年北京各季度 AQI 箱形图

同样地，将以上代码中的 AQI 数据转换为数据源.csv 文件中的 PM 列数据，对应的源代码文件为 "6.beijing_PM2.5_2018_season.py"，代码运行后的图形如图 8-15 所示。

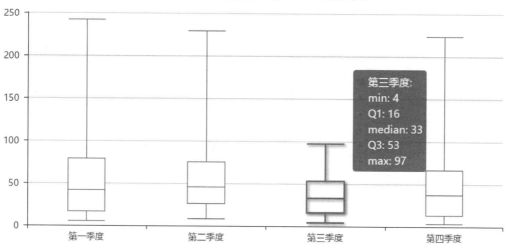

图 8-15　2018 年北京各季度 PM2.5 箱形图

8.4.3　饼图

数据源 beijing_AQI_2018.csv 文件中第 2 列的数据为 "质量等级"，质量等级分为优、良、轻度污染、中度污染、重度污染、严重污染六个等级。下面通过饼图统计北京 2018 年空气质量等级的占比情况。

实现步骤如下。

（1）计算各个质量等级 Quality_grade 对应的数量。

（2）将 Quality_grade 和对应的数量传递给 pyecharts 的 Pie()函数，生成空气质量等级占比饼图。

具体代码如下，对应的源代码文件为 "7.beijing_Quality_grade_2018.py"。

```
rank_message = df.groupby(['Quality_grade'])
rank_com = rank_message['Quality_grade'].agg(['count'])
rank_com.reset_index(inplace=True)
rank_com_last = rank_com.sort_values('count', ascending=False)
attr = rank_com_last['Quality_grade']
v1 = rank_com_last['count']
pie = Pie("2018年北京全年空气质量情况", title_pos='center', title_top=0)
pie.add("", attr, v1, radius=[40, 75], label_text_color=None, is_label_show=True,
legend_orient="vertical", legend_pos="left", legend_top="%10")
    pie.render('./results/2018年北京全年空气质量情况.html')
```

图 8-16 所示为 2018 年北京全年空气质量等级占比饼图。用户可通过单击图例，选择是否在饼图中显示该等级的占比情况。

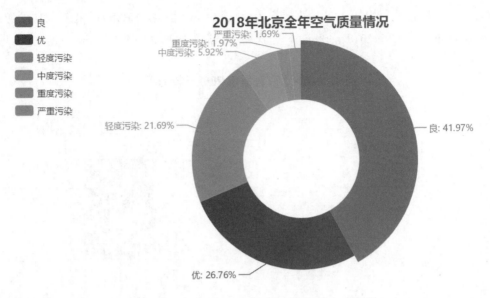

图 8-16 2018 年北京全年空气质量等级占比饼图

8.4.4 日历图

将时间转换为 datetime 格式，结合 PM2.5 值，传递给 pyecharts 的 HeatMap()函数，即可在日历热力图中显示每日的 PM2.5 值。

实现步骤如下。

（1）将 Date 列数据转换为 datetime 格式。

（2）将 datetime 时间与对应的 PM2.5 值组合成一个二维列表，存入包含 2018 年全年 PM2.5 值的总列表中。

（3）把总列表中的数据传递给 pyecharts 的 HeatMap()函数，calendar_date_range 设置为"2018"，生成 2018 年北京 PM2.5 指数日历图。

具体代码如下，对应的源代码文件为"8.beijing_PM2.5_2018_heatmap.py"。

```
dom = df[['Date', 'PM']]
list1 = []
for i, j in zip(dom['Date'], dom['PM']):
    time_list = i.split('/')
    time = datetime.date(int(time_list[0]),int(time_list[1]),int(time_list[2]))
    PM = int(j)
    list1.append([str(time),str(PM)])

heatmap = HeatMap("2018 年北京 PM2.5 指数日历图", title_pos='40%', title_top='10',
width=800, height=400)
heatmap.add(
    "",
    list1,
    is_calendar_heatmap=True,
    visual_text_color="#000",
    visual_range_text=["", ""],
```

```
    visual_range=[0, 300],
    calendar_cell_size=["auto", 30],
    is_visualmap=True,
    calendar_date_range="2018",
    visual_orient="horizontal",
    visual_pos="26%",
    visual_top="70%",
    is_piecewise=True,
    visual_split_number=6,
)
heatmap.render('./results/2018 年北京 PM2.5 指数日历图.html')
```

图 8-17 所示为 2018 年北京 PM2.5 指数日历图。将鼠标指针移动到一个小方格上，即可显示该方格对应日期的 PM2.5 值。

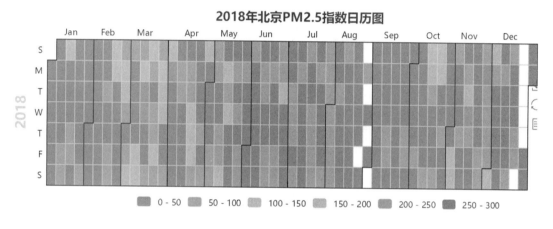

图 8-17　2018 年北京 PM2.5 指数日历图

8.4.5　多个数据源

第 8 章配套的数据源还有 shanghai_AQI_2018.csv、guangzhou_AQI_2018.csv、shenzhen_AQI_2018.csv，分别是上海、广州、深圳三个城市的空气质量指数相关数据。下面对北京、上海、广州、深圳这四个城市的空气质量指数进行比较分析和可视化显示。

1. 多条折线

求取四个城市每个月的均值 AQI，在同一幅图形中显示，既可以展示各个城市的月均 AQI 变化趋势，也可以对比四个城市的均值 AQI 高低。

实现步骤如下。

（1）循环读取四个城市的数据。

（2）第一列 Date 的数据格式为 2018/1/1，从中提取出月份。

（3）基于月份计算每个月的 AQI 平均值，并将这个值存入列表。

（4）将四个城市的月均 AQI 列表数据传递给 pyecharts 的 line()函数，绘制 2018 年北京、上海、广州、深圳月均 AQI 走势图，如图 8-18 所示。

具体代码如下，对应的源代码文件为"9.4cities_AQI_2018_month.py"。

```
citys = ['beijing', 'shanghai', 'guangzhou', 'shenzhen']
cityes_AQI = []
for i in range(4):
    filename = '../data/'+ citys[i] + '_AQI' + '_2018.csv' # 文件内容："日期","质量等
级","AQI 指数","当天 AQI 排名","PM2.5"
    aqi_data = pd.read_csv(filename)
    get_data = aqi_data[['Date', 'AQI']] # 提取 "日期","AQI 指数"两列内容进行分析
    month_for_data = []
    for j in get_data['Date']:
        time = j.split('/')[1]
        month_for_data.append(time)
    aqi_data['Month'] = month_for_data # 获取每行数据的月份
    # 求每个月 AQI 平均值
    month_data = aqi_data.groupby(['Month'])
    month_AQI = month_data['AQI'].agg(['mean'])
    month_AQI.reset_index(inplace=True)
    month_AQI_average = month_AQI.sort_index()
    # 获取每个城市月均 AQI 的数据，转化为 int 数据类型
    month_AQI_data = np.array(month_AQI_average['mean'])
    month_AQI_data_int = ["{}".format(int(i)) for i in month_AQI_data]
    cityes_AQI.append(month_AQI_data_int)
months = ["{}".format(str(i) + '月') for i in range(1, 13)]
line = Line("2018 年北上广深 AQI 全年走势图", title_pos='center', title_top='0', width=
800, height=400)
line.add("北京", months, cityes_AQI[0], line_color='red', legend_top='8%')
line.add("上海", months, cityes_AQI[1], line_color='purple', legend_top='8%')
line.add("广州", months, cityes_AQI[2], line_color='blue', legend_top='8%')
line.add("深圳", months, cityes_AQI[3], line_color='orange', legend_top='8%')
line.render("./results/2018 年北上广深 AQI 全年走势图.html")
```

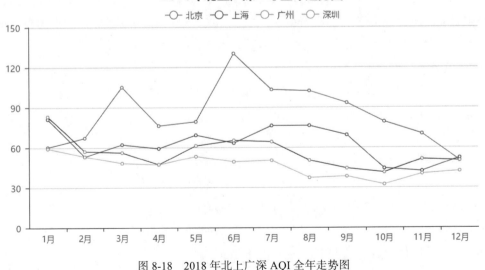

图 8-18　2018 年北上广深 AQI 全年走势图

将以上代码中的 AQI 数据换为数据源.csv 文件中的 PM 列数据，对应的源代码文件为"10.4cities_PM2.5_2018_month.py"，代码运行后的图形如图 8-19 所示。

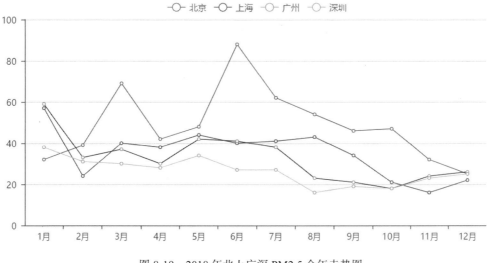

图 8-19　2018 年北上广深 PM2.5 全年走势图

2．多个饼图

同时显示北京、上海、广州、深圳四个城市空气质量占比情况，可以对四个城市的空气质量的总体情况进行对比分析。

实现步骤如下。

（1）循环读取四个城市的数据。

（2）计算各个质量等级 Quality_grade 对应的数量。

（3）将 Quality_grade 和对应的数量传递给 pyecharts 的 pie()函数。

（4）将四个城市的饼图放在同一个 grid()函数中，即可同时显示四个城市 2018 年的空气质量等级占比饼图，如图 8-20 所示。

具体代码如下，对应的源代码文件为"11.4cities_Quality_grade_2018.py"。

```
citys = ['beijing', 'shanghai', 'guangzhou', 'shenzhen']

v = []
attrs = []
for i in range(4):
    filename = '../data/'+ citys[i] + '_AQI' + '_2018.csv'
    df = pd.read_csv(filename) #pd.read_csv(filename, header=None, names=["Date",
"Quality_grade", "AQI", "AQI_rank", "PM"])

    Quality_grade_message = df.groupby(['Quality_grade'])
    Quality_grade_com = Quality_grade_message['Quality_grade'].agg(['count'])
    Quality_grade_com.reset_index(inplace=True)
    Quality_grade_com_last = Quality_grade_com.sort_values('count', ascending=
False)
```

```
        Quality_grade_array = Quality_grade_com_last['Quality_grade']
        Quality_grade_array = np.array(Quality_grade_com_last['Quality_grade'])
        attrs.append(Quality_grade_array)
        Quality_grade_count = Quality_grade_com_last['count']
        Quality_grade_count = np.array(Quality_grade_com_last['count'])
        v.append(Quality_grade_count)

    pie1 = Pie("北京", title_pos="28%", title_top="24%")
    pie1.add("", attrs[0], v[0], radius=[20, 40], center=[30, 27], legend_pos="63%",
legend_top="40%", legend_orient="vertical",is_label_show=True)

    pie2 = Pie("上海", title_pos="52%", title_top="24%")
    pie2.add("", attrs[1], v[1], radius=[20, 40], center=[54, 27], is_label_show=False,
is_legend_show=False)

    pie3 = Pie("广州", title_pos='28%', title_top='77%')
    pie3.add("", attrs[2], v[2], radius=[20, 40], center=[30, 80], is_label_show=False,
is_legend_show=False)

    pie4 = Pie("深圳", title_pos='52%', title_top='77%')
    pie4.add("", attrs[3], v[3], radius=[20, 40], center=[54, 80], is_label_show=False,
is_legend_show=False)

    grid = Grid("2018 年北上广深全年空气质量情况", width=1200)
    grid.add(pie1)
    grid.add(pie2)
    grid.add(pie3)
    grid.add(pie4)
    grid.render('./results/2018 年北上广深全年空气质量情况.html')
```

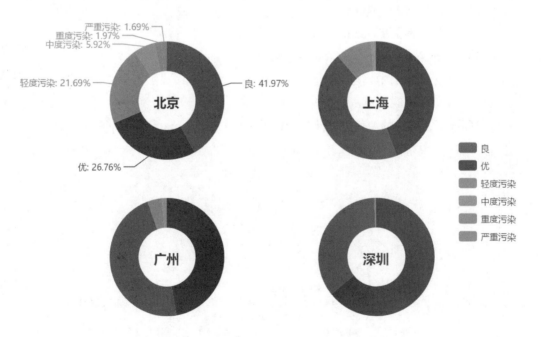

图 8-20　2018 年北上广深全年空气质量情况

习　题

8-1　数据可视化的交互原则有哪些？

8-2　数据可视化的分类方法有哪几种？

8-3　数据可视化常见的交互技术有哪些？每种交互技术的特点是什么？

第三部分
实际应用

第 9 章　数据可视化技术在各领域的应用

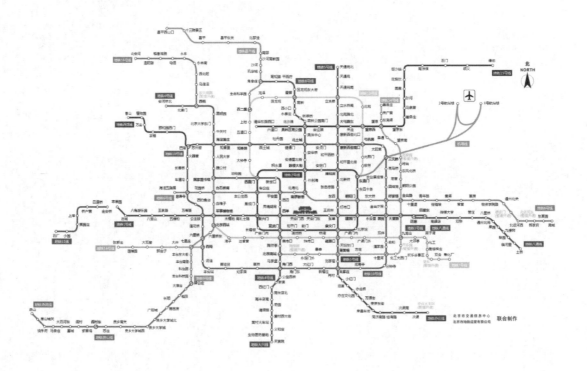

第9章
数据可视化技术在各领域的应用

如何在一分钟时间内展示全球百年内地震的分布情况？庞杂的城市车流数据背后蕴藏着怎样的价值？如何更直观地呈现全球卫星的运行轨迹？

这些问题都可以通过大数据可视化技术——解答。大数据可视化是有效应用大数据的最终呈现手段，通过使用可视化技术，用户可结合各种图表和视觉效果，将数量巨大且又复杂的数据中隐藏的各种规律展示出来。在大数据时代，通过科学的运算及可视化的方式，可以帮助我们理解和分析数据，进而有效地利用这些数据信息并挖掘其潜在的价值。

本章将介绍数据可视化在科研、网络和商业等领域的应用情况。

9.1 科研领域

美国的研究者在 1986 年最先提出了科学计算可视化的思想后，受到了全球科研人员的重视。人们在深入研究了各种可视化的理论和方法后，研制出了多种可视化的工具。现在，可视化的研究成果已被广泛应用于医学图像处理、天文研究、气象预报、石油勘探、航天航空等多个科研领域。

9.1.1 医学影像数据可视化

医学影像数据可视化的研究范围涉及数字图像处理、计算机图形学、计算机视觉以及医学等领域，是生物医学工程中的一个非常重要的多学科交叉研究领域，其研究成果已被广泛应用于临床诊断、手术模拟仿真、外科整形、假肢制造、解剖教学等医学领域，其中的核心技术是将人体内部的器官用二维图像显示出来或重建它们的三维模型，而三维模型涉及的医学图像数据量巨大，体元构造算法非常复杂，计算量也很大。

图 9-1 所示为脑部核磁共振图像序列重构的三维脑部图像。从图中可以看出，可视化技术已经可以非常清晰地呈现脑部的细节构造，此类三维图像可以协助医生对病人做出更加详细且准确的诊断。例如，判断病人是否需要进行外科手术，采取什么方案风险更小，需要使用什么硬件工具等。

目前，在医学可视化领域主要包含以下三个方面的研究热点。

（1）图像分割技术，即将图像分成若干个特定的、具有独特性质的区域，并提出感兴趣目标的技术和过程。

（2）实时渲染技术，即图形、图像数据的实时计算和输出。

（3）图像标定技术，对多重数据集合进行图像标定。

这些技术的发展将进一步促进可视化技术在医学技术中的推广和应用。

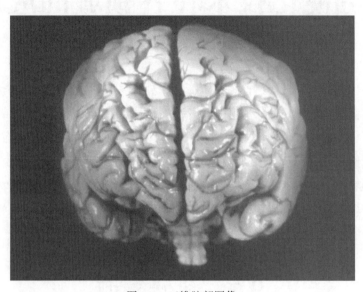

图 9-1　三维脑部图像

9.1.2　天文研究可视化

计算机技术、图形图像处理技术和科学计算的发展推动了可视化技术的发展，各种可视化技术为海量天文数据处理和分析提供了许多良好的解决方案。

随着射电天文技术的发展，世界各国研制出了各种高分辨率、性能优越的射电天文望远镜，这些天文望远镜的观测能力越来越强，获得的观测数据量也越来越大。例如：

（1）美国的哈勃空间望远镜，每天可收集 3～5GB 的数据；

（2）中国的 LAMOST 望远镜，每年可采集 10TB 数据；

（3）世界上最大的射电望远镜"中国天眼 FAST"，每 4 小时产生 10TB 数据。

此外，美国的天文学家预测，到 2025 年，全球天文数据总量将达到 250 亿 TB。如此海量的数据说明，天文学研究已经成为一项以大数据为中心，被大数据所驱动的科学研究活动。丰富的数据资源为天文大数据的分析、挖掘以及潜在规律的发现提供了各种可能。同时，借助数据可视化技术，将天文观测数据以图像的形式展现出来，能显著地提高科学家对海量天文观测数据的处理和分析能力。

图 9-2 所示为大规模天文时序粒子数据的可视化效果。

图 9-2　大规模天文时序粒子数据的可视化效果

天文学家将高性能的计算机集群和高效的图形成像技术结合，对海量观测数据进行快速的成像和显示，展示出各种复杂的天体，如分子云、星系的结构，并应用可视化技术再现恒星形成和星系演化过程，这些可视化技术都促进了人类对太空宇宙的认识。由此可见，可视化技术是天文研究中分析海量天文数据的重要手段，对天文数据进行可视化研究具有重要的科学意义。

9.1.3　气象预报可视化

在气象预报领域中，涉及大量的可视化内容，从普通的云图到中尺度数值，每一时刻的等压面、等温面、漩涡、云层的位置及运动、暴雨区的位置及其强度、风力的大小及方向等，这些数据都源源不断地被采集到气象系统中，可视化技术将这些数据转换为图像，协助气象研究人员对未来的天气做出准确的分析和预测，这就是气象的实时预测。

另外，根据已有的全球气象监测数据，将不同时期全球不同地区的气温分布、气压分布、雨量分布及风力风向等以图像的形式展示出来，可以进一步地对全球的气象情况及其变化趋势进行分析研究，就能协助研究人员对全球气象的变化趋势进行准确预测。

9.1.4　地理可视化

地理信息数据也称为地理大数据。如今，获取地理信息数据的手段越来越多，除了卫星、无人机、移动测量车这些传统的测绘技术，传感器的实时监测数据以及移动终端数据也都成了地理大数据的主要来源。地理信息数据具有大数据的 4V 特征（大量、快速、多样、真实），但人们更关注的却是地理大数据的第五个特征——价值。

地理可视化直观地呈现了地理大数据的价值所在，它是数据可视化的一个分支，小到街角，大到全球海岸线，都可以使用地理可视化技术进行呈现。

地理可视化以地理信息科学、计算机科学、地图学、认知科学、信息传输学与地理信息系统为基础，并通过计算机技术、数字技术及多媒体技术，动态、直观、形象地表现、解释、传输地理空间信息并揭示其规律，它是关于信息表达和传输的理论、方法与技术的一门学科。

地理可视化充分利用了地理信息技术的空间数据分析能力，在空间维度上进行大数据分析，能有效地呈现空间位置的复杂关系，有助于人们对庞大而复杂且无法直接观察的空间信息进行分类、表达和交流。与文本或数据描述相比，地理可视化更有利于地理大数据的处理和分析。

9.1.5　海洋勘探可视化

近年来，人们越来越认识到海洋对一个国家生存和发展的重要意义，因此，世界各国越来越重视对海洋的研究与开发。海洋的开发和利用，关系到一个国家的长远发展。

随着我国海洋资源开发和利用的不断深入，海洋环境监测已经成为海洋及环境保护领域重要的研究课题。长期的海洋环境调查研究积累了大量的多源、异构、多维、动态、海量的海洋环境综合数据，特别是随着空间探测技术的飞速发展，这些数据更是呈指数级增长。利用先进的地理空间信息技术对海洋环境综合数据进行管理和共享已经成为近年来的趋势。结合强大的计算机技术和图形图像处理技术，根据海洋数据的特点，分析并绘制数据可视化图表，突出数据特征，以此达到分析、挖掘海洋数据中重要信息的目的。

图 9-3 是用多波束采集的 DEM 数据和用 ROV 设备采集的海底表面影像数据相叠加并进行可视化分析后还原的海洋地表。

图 9-3　海洋地表影像数据

9.2　网络领域

网络可视化是对流量数据的监控，是虚拟世界的摄像头。网络可视化主要是通过网络流量的采集与深度检测对网络传输数据进行逐层解析、筛选以及归类分析，从中提取信息，进行大数据分析与挖掘，并将其应用于网络管理、信息安全、舆情分析等具体场景。网络可视化的步骤自下向上分为数据提取、数据整合计算和数据应用显示。

9.2.1　网络舆情分析的可视化

目前，互联网不仅仅是加强信息传递、促进人际交往以及提升工作效率的工具，它还从根本上突破了传统媒介的各种局限性。因其具有即时性、交互性、匿名性以及非中介性等特征，越来越多的人开始寄希望于通过互联网来改善现实中的社会参与实践。

近年来，频繁进入公众视野的网络事件，都是借助互联网上的各种社交媒体实现广泛而快速的传播的。由于互联网信息传播迅速的特点，网络舆情已成为人们反馈自己真实声音的一个重要渠道。

目前，网络舆情研究已成为备受关注的热点研究领域。通过对现有文献的梳理，可以发现，不同学科的研究者，结合各自的学科背景，对网络舆情的各个方面进行了较为全面的研究。现阶段的研究主要集中在理论和政策的分析上，例如，从新闻传播学角度对特定网络舆情事件的分析，从政治学和行政管理的视角开展的网络舆情引导与管控策略的研究等。

可视化分析技术作为一种有效的数据表达方式，能够完美地呈现网络舆情的海量性、多样性、动态性和低密度性等特征。在卷帙浩繁的网络舆情信息中，大数据技术可帮助研究者发现其中内含的趋势、模式及规律，再通过可视化技术呈现出来。因此，可视化分析技术的应用对于推进网络舆情研究具有非常重要的意义。

9.2.2　网络安全管理的可视化

早在 1995 年，Becker 等就提出要对网络流量状况进行可视化。在 1998 年，Girardind 等曾使用多种可视化技术分析防火墙日志记录。经过二十多年的发展，在网络安全可视化领域，学者们提出了许多新颖的可视化设计方法，并开发了诸多实用的交互式可视化分析工具，这也为传统的网络安全研究和分析人员的工作注入了新的活力。

在解决网络安全问题的过程中，人的认知和判断能力始终处于主导地位。用图形、图像的方式呈现数据，同时提供简单友好的交互手段，建立用户与数据之间的图像交流渠道，充分发挥人们的视觉处理能力，提取网络安全数据中隐含的信息，可以更好地帮助人们分析网络安全数据，并提高分析人员的感知、分析和理解网络安全问题的能力。因此，可视化技术与网络安全研究领域的结合，形成了网络安全可视化这一新的交叉研究领域。

网络安全可视化，是将网络安全数据分析和可视化技术结合起来，通过提供图形化的交互工具，提高网络安全分析人员感知、分析和理解网络安全问题的能力，其主要作用体现在以下几个方面。

（1）减轻了分析人员的认知负担。

（2）可让分析人员直观地观察到异常点和特征点。

（3）可以使分析人员更自主地探索事件关联和复杂攻击模式，甚至发现新的攻击类型。

（4）提高了分析人员检测网络安全趋势的效率。

9.2.3　网络日志分析的可视化

随着互联网时代的来临,各个网站和应用程序每时每刻都在产生海量的运行日志记录数据。日志描述了应用程序和用户的行为，记录了用户对网站或应用程序的使用情况，研究人员可以根据日志监测网站或用户的异常行为。日志主要记录了以下几个方面的数据。

（1）在程序运行过程中，设备自身运行情况的数据。

（2）用户在与网站、应用进行交互的过程中，产生的有关用户访问行为的数据。

通过对日志数据进行数据分析统计，可以更迅速地发现系统潜在的问题，做到防患于未然，同时，还可以改善系统的服务质量，提高企业的竞争优势。目前，对日志数据的分析与挖掘的应用越来越广泛，例如，京东、淘宝等大型的电商网站，可以通过分析、挖掘用户访问的日志数据进行用户画像，对用户的喜好与当前需求进行分析，为用户提供个性化的精准推荐服务。此外，实时地获取电商网站的成交量以及成交额等有价值的信息，对企业的运营决策具有举足轻重的作用。

但由于网络节点的日益增多，网络结构的日益复杂，日志信息呈爆炸式的增长，传统的表格与文字信息相配合的表现形式已难以满足人们的需求。无论是日志分析人员，还是企业决策者，都需要更加先进的可视化技术，来呈现海量日志信息的详细情况。可以说，可视化技术提高了用户对网络态势的感知能力以及获取有效信息的效率，避免了数据资源的浪费。

9.3　商业领域

数据可视化技术可以帮助人们分析商业模式的有效性、市场的发展趋势、信息化建设的成效以及安全风险趋势等。各种数据中心、展示中心、监控中心、应急响应中心等都需要对数据进行呈现。因此，可视化技术的应用近年来得到电信、金融、互联网等各行业的重视，企业的应用又推动了可视化技术的快速发展。可视化技术在商业领域发挥的作用包括如下几点。

（1）方便金融业加强风控与实时监管。

金融市场形势瞬息万变。金融行业是一个竞争非常激烈、面临诸多挑战的行业。在大数据时代，金融业管理者需要运用大数据技术对金融企业进行精准、科学的管理，才能从容地面对市场竞争，提高自身的竞争力。

例如，数据可视化可以协助银行管理者实现对银行各地日常业务的动态实时掌控，并对客户数量和借贷金额等数据进行有效监管。通过对核心数据多维度的分析和对比，企业管理者在短时间内制定及时、高效、准确的运营策略，调整发展方向，不断提高企业的风控管理能力和竞争力。

（2）为 App 开发者提供数据分析与展示。

对 App 开发者来说，数据展示和分析是必不可少的内容，清晰而明确地展示、分析数据可以让用户聚焦于 App 上，也能让 App 看起来更加直观和高效，并让用户与 App 界面之间进行良好的交互。

（3）为电商企业提供数据挖掘与精准营销。

对电商企业而言，从各个层面分析数据中潜在的价值，进而开展一系列的销售策略，是电商企业的日常工作，这就要求企业对销售数据的挖掘具有灵敏的嗅觉和准确的把握。

采用数据可视化方法进行营销，可以帮助电商企业跨数据源整合数据，极大地提高企业的数据分析能力。通过快速进行数据分析挖掘，找出忠诚度高的顾客，分析顾客需求，获悉市场变化，从而帮助企业决策者制定精准的营销策略，提高企业的竞争力。

习　　题

9-1　列举数据可视化技术在科学领域的相关案例。

9-2　结合京东、淘宝等购物平台说明数据可视化技术在电商行业所起的作用。